L'Univers en 40 questions

DANS LA SÉRIE MÉMO

20 petites leçons de physique quantique, Librio n° 1242
25 drôles d'anecdotes scientifiques, Librio n° 1234
50 histoires d'animaux pour comprendre Darwin, Librio n° 1198
Les Secrets du ciel, Librio n° 1176
Petites énigmes mathématiques et logiques, Librio n° 1175
20 petites leçons d'astronomie, Librio n° 1139
Les Secrets de la matière, Librio n° 1138
Les Lois essentielles de la physique, Librio n° 1065
Questions de maths utiles, Librio n° 1064
À la recherche du boson de Higgs, Librio n° 1045
Guide du ciel, Librio n° 898
La science est un jeu, Librio n° 815

Jean-Pierre Luminet

L'Univers en 40 questions

Librio

Le présent ouvrage est une version abrégée
de *L'Univers en 100 questions*

Sommaire

ASTRONOMES, LUMIÈRES ET TÉLESCOPES

1

Qui sont les grands découvreurs de l'histoire de l'astronomie ?

L'astronomie a ses racines au Moyen-Orient. Quarante siècles avant J.-C., les Babyloniens ont noté les heures des levers et des couchers de la Lune et du Soleil, regroupé les étoiles en constellations et commencé à comprendre comment fonctionnait le ciel. Ayant observé que les cinq planètes visibles à l'œil nu se déplaçaient sur le fond lointain des étoiles, ils les ont nommées « astres errants ».

Les astronomes chinois ont réussi à rassembler et à conserver le plus grand nombre d'observations. Pendant 4000 ans, ils n'ont cessé de relever dans leurs moindres détails les conjonctions planétaires et les mouvements célestes. Ils ont établi un calendrier précis et des cartes stellaires, répertorié pour la première fois les éclipses de Soleil, les étoiles nouvelles et les apparitions de comètes.

Au troisième millénaire avant notre ère, au temps des pyramides, les Égyptiens ont créé notre calendrier solaire de 365 jours, la division de l'année en 12 mois et celle du jour en 24 heures.

L'histoire de l'astronomie se poursuit dans la Grèce antique. Aristote et la plupart des philosophes de l'époque croyaient que le ciel tout entier tournait autour de la Terre, laquelle était supposée être fixe et parfaitement immobile au centre de l'Univers. Au IIIe siècle avant notre ère, Aristarque de Samos affirma au contraire que la Terre tournait non seulement sur elle-même mais aussi autour du Soleil, des idées irrecevables pour l'époque. Un autre Grec, Hipparque, a dressé le premier catalogue d'étoiles du monde occidental, découvert la précession des équinoxes et inventé l'astrolabe, tandis qu'à Alexandrie, Ératosthène a calculé correctement la circonférence de la Terre.

Au IIe siècle, Claude Ptolémée a tenté d'expliquer les mouvements complexes des planètes dans le ciel par la théorie mathématique des épicycles : selon lui, en tournant autour de la Terre, les planètes effectuaient en plus de petits cercles sur leurs orbites. La réputation de Ptolémée était telle que cette erreur persista longtemps après le déclin de la Grèce.

Au cours des siècles qui suivirent, le flambeau de la science grecque fut repris par les astronomes arabes tandis qu'en Occident, la chrétienté avait rejeté tout le savoir antique. Il fallut attendre le Polonais Nicolas Copernic, au XVIe siècle, pour que ressurgisse l'hypothèse héliocentrique selon laquelle la Terre tourne autour du Soleil en un an en même temps que sur elle-même en 24 heures. Mais il était encore trop tôt pour que cela soit accepté.

Quelques décennies après la mort de Nicolas Copernic, l'astronome danois Tycho Brahé a accumulé des observations précises sur le mouvement des planètes, classé un millier d'étoiles et construit le premier grand observatoire européen sur une île du Danemark. Au début du XVIIe siècle, la précision des observations de Tycho Brahé a permis au génial Johannes Kepler de comprendre que les planètes tournaient autour du Soleil en suivant des ellipses. Il a découvert les trois lois régissant leur mouvement et posé les bases de l'optique.

En 1609, Galilée a utilisé pour la première fois une lunette astronomique pour observer le ciel. Il a découvert le relief de la Lune, les phases de Vénus, les satellites de Jupiter et un grand nombre d'étoiles invisibles à l'œil nu – autant de choses qui n'étaient pas explicables par l'astronomie de Ptolémée. Galilée se prononça en faveur du système copernicien, mais en 1633, il dut se rétracter devant le tribunal de l'Inquisition.

Il fallut encore cinquante ans pour qu'un autre génie de l'histoire des sciences, l'Anglais Isaac Newton, découvre en 1687 la loi d'attraction universelle – une force de gravité qui attire entre eux tous les corps massifs. Il expliquait ainsi les lois de Johannes Kepler sur les mouvements planétaires et participait à la naissance de l'astronomie moderne. Isaac Newton a également compris que la lumière du Soleil, passant à travers un prisme, se décomposait en couleurs, celles de l'arc-en-ciel, et il a construit le premier télescope à réflexion en utilisant non plus des lentilles comme Galilée, mais des miroirs pour collecter et focaliser la lumière.

Deux découvertes fondamentales ont marqué la fin du XIXe siècle : la spectroscopie, où l'analyse de la lumière des astres permet d'en révéler leur composition chimique, et la photographie, qui permet de répertorier systématiquement un grand nombre d'objets célestes.

Au début du XXe siècle, une nouvelle théorie de la gravitation encore plus complète que celle d'Isaac Newton a vu le jour : la relativité générale d'Albert Einstein. Non seulement elle rend mieux compte des détails les plus fins du système solaire, mais elle prédit également de nouveaux phénomènes qui seront tous découverts ultérieurement, comme les ondes gravitationnelles, les trous noirs et le Big Bang.

En parallèle, les premiers télescopes géants sont entrés en fonctionnement en Californie. Grâce à eux, les astronomes américains – parmi lesquels Edwin Hubble – ont prouvé la nature extragalactique des nébuleuses spirales et découvert leur décalage spectral vers le rouge, sans toutefois pouvoir leur donner de justification physique. C'est le Belge Georges Lemaître qui, en 1927, a compris que le phénomène était dû à l'expansion de l'Univers. En 1931, il a posé les bases de la cosmologie moderne et de ses fameux modèles du Big Bang.

Aujourd'hui, la recherche est devenue essentiellement collective, de sorte que l'histoire future ne retiendra probablement pas de noms de savants au même titre qu'un Copernic, un Kepler, un Newton ou un Einstein.

2

Y a-t-il plusieurs formes de lumière ?

La lumière visible, dite aussi optique, se trouve dans une gamme de longueurs d'onde que nos yeux peuvent voir. Elle se décompose en sept couleurs, celles de l'arc-en-ciel, le violet ayant la plus petite longueur d'onde (390 nanomètres) et le rouge, la plus grande (780 nanomètres).

Mais la lumière optique n'est qu'une infime partie de l'ensemble des ondes électromagnétiques, étalées en fonction de leur énergie, leur longueur d'onde ou leur fréquence dans ce qu'on appelle le « spectre électromagnétique ». Ce dernier rassemble tous les rayonnements de même nature que la lumière visible, c'est-à-dire portés par des photons, mais de longueurs d'onde différentes. Depuis les moins énergétiques (grandes longueurs d'onde, basses fréquences) jusqu'aux plus énergétiques (courtes longueurs d'onde, hautes fréquences), on trouve les types de rayonnements suivants : radio – micro-ondes – infrarouge – lumière visible – ultraviolet – rayons X – rayons gamma.

L'être humain est ainsi fait que son œil – de même d'ailleurs que les plaques photographiques usuelles – n'est sensible qu'à une portion extrêmement réduite du spectre électromagnétique. Or, les objets célestes n'émettent pas seulement de la lumière visible, mais un rayonnement réparti sur plusieurs gammes de longueurs d'onde. Par exemple, l'infrarouge révèle les nuages froids de gaz et de poussières ; le rayonnement ultraviolet localise les jeunes étoiles chaudes ; les rayons X et gamma, les plus énergétiques de tout le spectre, manifestent les plus violentes explosions de l'Univers.

Tout cela était resté parfaitement inconnu jusqu'à la découverte de l'électromagnétisme à la fin du XIXe siècle. Pour l'astronomie, le progrès technique majeur du XXe siècle aura donc été d'ouvrir l'accès à toutes les formes de lumière, et non plus seulement à la minuscule fenêtre visible – laquelle ne révèle qu'un aspect très partiel du paysage cosmique. À l'heure actuelle, 90 % de l'information recueillie sur le ciel provient des « télescopes de l'invisible ». Précisons que seuls la lumière optique, les ondes radio et le proche infrarouge peuvent traverser l'atmosphère terrestre et atteindre le sol. Le reste, c'est-à-dire l'essentiel du spectre électromagnétique, est bloqué par la diffusion atmosphérique et ne peut être détecté que depuis l'espace. Pour explorer ces fenêtres-là, il faut utiliser des détecteurs embarqués sur des fusées ou des satellites.

3

Est-ce que les objets célestes que l'on voit existent toujours ?

On observe l'Univers grâce à la lumière qui provient des astres, mais celle-ci ne se déplace pas instantanément. Sa vitesse, 300 000 km/s, est pour nous très grande : un rayon de lumière met à peine plus d'une seconde pour venir de la Lune. Mais l'Univers est tellement gigantesque qu'à son échelle, la lumière met beaucoup de temps à nous parvenir des astres lointains, de sorte qu'on voit tout en décalage : les objets célestes sont vus aujourd'hui tels qu'ils étaient à l'époque où ils ont émis leur lumière.

Évidemment, le décalage temporel dépend de la distance des sources que l'on observe. L'année-lumière, qui est la distance parcourue par la lumière pendant une année, est une unité de distance commode pour apprécier ces décalages. Par exemple, une étoile qui se trouve à 1 000 années-lumière de la Terre nous apparaît telle qu'elle était il y a mille ans car sa lumière a voyagé tout ce temps pour nous parvenir. On peut alors se demander si les étoiles ne sont pas déjà mortes au moment où on les observe. Cependant, mille ans pour les étoiles sont comme un battement de cils pour nous : elles vivent très longtemps – typiquement plusieurs milliards d'années – et évoluent lentement. On peut donc considérer que l'on observe les étoiles de notre galaxie quasiment en direct.

Une exception concerne les supernovae, ces grosses étoiles qui explosent brutalement et ne deviennent brillantes que durant quelques semaines. Comme les supernovae sont rares, elles sont en général lointaines : par exemple, celle qui a été observée en février 1987 a explosé dans le Grand Nuage de Magellan, situé à 170 000 années-lumière. L'explosion a donc eu lieu à une époque où l'*Homo sapiens* commençait à peine son parcours terrestre, et il est certain que cette supernova, dont la lumière a atteint la Terre il y a maintenant 25 ans et dont il reste des traces lumineuses, s'est éteinte depuis fort longtemps.

Avec les galaxies, dont les plus proches sont situées à plusieurs millions d'années-lumière, le décalage temporel devient énorme. Toutes sont vues à une époque où l'espèce humaine n'existait même pas. Quant à celles qui se trouvent à plus de 5 milliards d'années-lumière, elles sont vues à une époque où même la Terre et le Soleil ne s'étaient pas encore formés ! Malgré tout, les galaxies ont une durée de vie plus grande que l'âge de l'Univers et ne s'éteignent pas. Nous en obtenons des images certes différentes de ce qu'elles doivent être aujourd'hui, mais cette divergence n'est pas très importante.

En revanche, quand on observe les quasars, ces noyaux de galaxies extrêmement brillants situés aux confins de l'Univers à des milliards d'années-lumière, on peut être certain qu'ils sont tous éteints depuis longtemps. En effet, l'éclat d'un quasar est alimenté par un trou noir géant absorbant de grandes quantités de gaz et d'étoiles, mais cette phase active ne dure « que » quelques centaines de millions d'années.

Ce qu'il faut retenir, c'est que les images du ciel fournies par les télescopes les plus puissants ne nous montrent pas un état de l'Univers tel qu'il est, mais tel qu'il était dans un lointain passé. La machine à remonter le temps existe, il suffit de photographier les profondeurs du ciel !

4

Y a-t-il autant d'étoiles dans l'Univers que de grains de sable sur Terre ?

Cela peut paraître incroyable, mais la réponse est oui.

On ne connaît pas la taille de l'Univers, peut-être même est-il infini. En revanche, on peut estimer le nombre total d'étoiles dans la partie de l'Univers dit «observable». Pour cela, il suffit de savoir combien il y a de galaxies dans l'Univers observable et combien il y a d'étoiles (en moyenne) dans une galaxie. La seconde question est assez simple : on sait qu'une galaxie typique comme la nôtre, la Voie lactée, contient entre 200 et 400 milliards d'étoiles. La question du nombre de galaxies dans l'Univers observable est plus compliquée. Heureusement, nous avons les grands télescopes, capables d'effectuer des recensements d'objets dans une région donnée du ciel. C'est ainsi qu'entre 2003 et 2004, le télescope spatial Hubble a scruté un champ de vue extrêmement sombre de la voûte céleste et en a fait un cliché photographique. Les astronomes ont pu identifier dans cette prise de vue pas moins de 10 000 galaxies. Or, l'image ne couvre qu'un morceau minuscule du ciel – à peu près l'équivalent de la surface d'une tête d'épingle tendue à bout de bras. Cela signifie qu'il faudrait faire environ 20 millions de photos comme celle-ci pour couvrir l'ensemble de la voûte céleste. Puisqu'on a trouvé 10 000 galaxies dans cette image, cela signifie qu'il y a au minimum 20 millions × 10 000 = 200 milliards de galaxies. Comme c'est un calcul «en moyenne», disons qu'il existe plusieurs centaines de milliards de galaxies dans l'Univers observable. Nous sommes au bout de notre calcul : s'il y a quelques centaines de milliards d'étoiles par galaxie et plusieurs centaines de milliards de galaxies, en faisant le produit des deux, on trouve environ cent mille milliards de milliards d'étoiles dans notre Univers observable (10^{23} en utilisant la notation en puissances de 10).

Pour comparer avec le nombre de grains de sable sur Terre, il faut aller à la plage… Le comptage des grains de sable s'avère un peu plus difficile que celui des étoiles. Il faut faire des approximations : on suppose que toutes les côtes du monde sont bordées par une plage de 100 mètres de large et de 10 mètres d'épaisseur. Les géographes estiment à 1 million de kilomètres la longueur totale des côtes du monde, ce qui nous conduit à un volume de sable total sur Terre de 1 000 milliards de mètres cubes. Mais combien y a-t-il de grains de sable par mètre cube ? Selon les géologues, la taille moyenne d'un grain de sable est de 200 microns (soit 0,2 millimètre). On en déduit que l'on peut dénombrer environ 100 milliards de grains de sable par mètre cube. Finissons le calcul : 1 000 milliards de mètres cubes (10^{12}) contenant chacun 100 milliards de grains (10^{11}), cela donne 100 000 milliards de milliards (10^{23}) de grains de sable sur Terre. Soit le même ordre de grandeur que le nombre d'étoiles dans l'Univers…

On retiendra qu'il y a à peu près autant de grains de sable dans un mètre cube que d'étoiles dans une galaxie, et autant de mètres cubes de sable sur Terre que de galaxies dans l'Univers observable. Et ce nombre astronomique de 10^{23} correspond aussi en gros au nombre de molécules dans un verre d'eau…

5

Quelles sont les forces principales qui gouvernent notre Univers ?

La physique a toujours eu pour ambition d'expliquer la diversité du réel par une unité sous-jacente. Une seule loi explique la chute des pommes et le mouvement de la Lune, une autre explique l'électricité et le magnétisme. À force de regrouper ainsi des phénomènes variés dans des descriptions uniques, les physiciens sont parvenus à tout réduire à quatre grandes classes de phénomènes, régis par quatre forces appelées « interactions fondamentales ».

La gravitation explique la pesanteur, la chute des corps, mais aussi les marées, les trajectoires de la Lune, des planètes, des étoiles et des galaxies, jusqu'à l'expansion de l'Univers. Elle est décrite à merveille par la théorie de la relativité générale d'Albert Einstein.

L'électromagnétisme regroupe tous les phénomènes électriques, magnétiques et lumineux, les réactions chimiques ou la biologie – en fait, la quasi-totalité des phénomènes de la vie courante, en dehors de la pesanteur. Il est décrit à merveille par la théorie électromagnétique de James Clerk Maxwell.

L'interaction forte explique la cohésion des noyaux atomiques, donc l'existence même de la matière que nous connaissons. Elle est décrite par la théorie de la chromodynamique quantique.

L'interaction faible provoque la désintégration radioactive des particules subatomiques et permet la fusion thermonucléaire au sein des étoiles.

Ces deux dernières interactions n'ont été mises en évidence qu'au milieu du XXe siècle, quand la structure des noyaux atomiques a commencé à être comprise. Elles sont dites « nucléaires » car elles ne s'exercent qu'à l'échelle des noyaux atomiques ; elles sont donc à très courte portée. En revanche, l'interaction gravitationnelle (dont l'influence est infime à l'échelle microscopique) et l'interaction électromagnétique sont de portée infinie, leur intensité diminuant avec la distance.

Quatre interactions pour expliquer tous les phénomènes physiques, c'est peu. Mais c'est encore trop pour les théoriciens en quête d'unité. Ils aimeraient réduire ce chiffre. Par exemple, les quatre interactions fondamentales seraient des aspects ou des niveaux différents d'une même réalité qu'on pourrait caractériser à un niveau plus profond – c'est-à-dire exprimer par une seule théorie dite « unitaire ».

Des travaux datant des années 1980 ont permis de décrire avec succès l'interaction électromagnétique et l'interaction faible par le même formalisme ; la force unique qui en résulte est dite « électrofaible ». Le fameux boson de Higgs-Englert, découvert en 2012 au CERN, faisait partie des ultimes prédictions de cette théorie unifiée. On espère pouvoir un jour unir cette dernière avec l'interaction forte au sein d'une théorie dite « de Grande Unification ». Le but ultime serait d'incorporer aussi la gravité dans un même schéma cohérent, et de nombreuses tentatives sont faites, pour l'instant non encore abouties, comme les diverses théories des cordes.

6

Y a-t-il un lien entre l'infiniment grand et l'infiniment petit ?

Pour tenter de comprendre la nature de l'Univers dans son ensemble, il faut faire intervenir des échelles de grandeur extrêmement différentes. D'une part, les très grandes échelles, correspondant aux distances cosmologiques, soit plusieurs milliards d'années-lumière ; d'autre part, les très petites échelles, inférieures au milliardième de milliardième de mètre, correspondant aux dimensions subatomiques. Par extension et abus de langage, on appelle ces extrêmes « l'infiniment grand » et « l'infiniment petit », bien que rien de ce qui est physiquement accessible ne soit infini (en particulier, on a tout lieu de croire que la plus petite longueur possible, dite « longueur de Planck », est non nulle mais égale à 10^{-33} cm).

Ce sont deux domaines apparemment bien séparés, obéissant à des descriptions physiques très différentes. Pour le « très grand », qui est gouverné essentiellement par les phénomènes de gravitation, on utilise la théorie de la relativité générale puisqu'à ce jour, c'est de loin la meilleure théorie de la gravitation disponible. Pour la physique du « très petit », on fait appel à la mécanique quantique, qui est également extraordinairement performante dans son domaine d'application, celui des particules élémentaires et de leurs interactions fondamentales. Mais si l'on veut une vue unifiée de l'Univers dans son ensemble, on doit chercher un lien entre le très grand et le très petit.

Cette idée correspond à un désir très ancien de l'humanité. Bien avant que l'on ne développe des théories aussi sophistiquées que la relativité et la mécanique quantique, on parlait volontiers dans l'Antiquité et au Moyen Âge de «microcosme» et de «macrocosme». Le microcosme était le monde du petit, celui à l'échelle humaine (ne disposant pas encore de microscope, on ignorait l'existence des cellules, sans parler des atomes), tandis que le macrocosme correspondait au ciel (réduit à un cosmos fini, limité par la sphère des étoiles fixes). Et déjà, certains penseurs rêvaient de relier le microcosme au macrocosme – l'astrologie médicale, censée faire correspondre chaque organe du corps humain à un phénomène céleste, étant le parfait exemple d'une telle projection.

L'hermétisme et l'ésotérisme ont fait longtemps leurs choux gras de cette hypothèse naïve («ce qui est en haut est comme ce qui est en bas»). Les physiciens eux-mêmes se sont laissé prendre au jeu des analogies. C'est ainsi qu'au début du XXe siècle, les premiers modèles d'atome supposaient que les électrons tournaient autour du noyau comme les planètes tournent autour du Soleil. La mécanique quantique a invalidé cette représentation trop simpliste.

Il n'empêche que la problématique de l'unification des deux échelles extrêmes est plus que jamais vivace. C'est un véritable défi de la physique que de relier en une théorie unique et cohérente les phénomènes se déroulant à l'échelle quantique et ceux ayant lieu à l'échelle cosmologique. Si beaucoup de physiciens modernes développent des théories dites «de gravitation quantique», c'est précisément pour essayer de trouver des réponses à des questions non résolues dans l'état actuel de nos connaissances. Par exemple, que se passe-t-il au fond d'un trou noir? En effet, au fond d'un trou noir, on rencontre à la fois du «très grand» (grande densité, forte gravité, etc.) et du «très petit» (matière-énergie concentrée dans un volume extrêmement réduit). Le même problème se pose avec le début supposé de l'Univers, le fameux Big Bang, au cours duquel la totalité de l'Univers aujourd'hui observable aurait été confinée dans un volume infinitésimal.

SOLEIL, PLANÈTES ET SYSTÈME SOLAIRE

7

D'où vient l'énergie du Soleil ?

Le Soleil est une sphère de gaz composée principalement d'hydrogène. Au centre, la température est très élevée : 15 millions de degrés. Si, en moyenne, le Soleil est à peine deux fois plus dense que l'eau, son noyau est dix fois plus dense que le plomb. Dans de telles conditions, le cœur du Soleil est un colossal réacteur nucléaire dans lequel les noyaux d'hydrogène fusionnent en une réaction en chaîne continue produisant des noyaux d'hélium, ce qui entraîne une légère perte de masse. Celle-ci se convertit en énergie – moitié sous forme de lumière, moitié sous forme de particules appelées « neutrinos ». Chaque seconde, notre étoile transforme ainsi 4 millions de tonnes de sa masse en énergie radiative, laquelle doit traverser les couches du Soleil pour parvenir à la surface et devenir lumière. Une zone de la surface solaire grande comme un timbre postal a l'éclat de 1 500 000 bougies…

Ce processus permet à notre étoile de briller depuis 4,5 milliards d'années, et nous ne devons pas craindre qu'elle épuise son combustible dans un avenir proche : ses réserves devraient lui permettre de briller pendant encore 4 à 5 milliards d'années.

La lumière libérée au centre du Soleil met au moins 100 000 ans pour franchir les 700 000 kilomètres qui la séparent de la surface, car la lumière interagit sans cesse avec les particules chargées – protons, électrons – de l'intérieur solaire. À partir de là, elle ne met plus que 8 minutes et 20 secondes pour atteindre la Terre. En revanche, les neutrinos, dont la propriété caractéristique est d'être insensibles aux forces électromagnétiques, traversent le Soleil en un peu plus de 2 secondes. Un détecteur de neutrinos solaires « voit » donc directement le cœur du Soleil et en quasi instantané.

Par ailleurs, l'intérieur du Soleil est en agitation constante : des bulles de gaz naissent à 200 000 kilomètres de profondeur et remontent à la surface ; quand elles éclatent, c'est comme si l'on écoutait la sortie de tuyaux d'orgue. Notre étoile résonne comme un instrument de musique mais dans un registre extrêmement grave, inaudible à l'oreille humaine car sa vibration principale ne se répète que toutes les 5 minutes. Analyser la « musique du Soleil » revient à déchiffrer une partition très compliquée comportant des millions de notes. Pour cela, il faut surveiller le Soleil en continu. La sismologie solaire, qui étudie les vibrations du Soleil, est une discipline en plein essor. Elle permet de mieux connaître l'intérieur du Soleil, tandis que sa lumière ne nous donne à voir que sa surface…

8

Est-ce que le Soleil a une atmosphère ?

Oui, et même plusieurs. Le Soleil ne « s'arrête » pas à sa surface visible de couleur jaune, appelée « photosphère », dont la température est de 5 500 °C. Au-dessus s'étend la chromosphère, l'atmosphère basse du Soleil, de couleur rouge, région de transition dans laquelle se déploient les éruptions et les protubérances solaires. Alimentées par les champs magnétiques du Soleil, certaines protubérances forment des arches gigantesques dans l'espace, embrassant des centaines de milliers de kilomètres. Plus haut encore se déploie la couronne, vaste région sans limites définies, qui devient visible lors des éclipses totales de Soleil et dans certains domaines de longueur d'onde. Bien que constituée de gaz très raréfiés, la couronne est beaucoup plus chaude que la chromosphère et la photosphère situées en dessous. Sa température remonte en effet à plusieurs millions de degrés, ce qui témoigne de façon spectaculaire de l'énergie que notre étoile expédie en permanence dans l'espace. On y observe des boucles de gaz incurvées le long des lignes du champ magnétique, qui peuvent mesurer trente fois le diamètre de la Terre.

Ces lignes de champ prennent leur origine dans la photosphère. Cette dernière est comme une marmite en ébullition dont chaque bulle, appelée « granule », est aussi grande que la France. Le gaz s'élève à travers ces granules puis refroidit et redescend le long des lignes de séparation.

La photosphère montre aussi des taches sombres ressemblant à de gigantesques tournesols qui pourraient englober notre planète entière. Leur température, de l'ordre de 4 000 °C, est inférieure à celle des régions environnantes ; c'est ce contraste qui les fait paraître noires. Ce sont des centres d'activité magnétique, sortes d'aimants à partir desquels les lignes de force magnétique s'échappent de la surface du Soleil et s'y reconnectent. Les taches sont à l'origine des éruptions et des protubérances solaires.

Les taches solaires apparaissent par groupes. Elles peuvent grandir en quelques heures et disparaître en quelques mois. Leur nombre et la surface qu'elles occupent à un moment donné indiquent la mesure de l'activité de notre étoile. À certains moments, le Soleil nous présente une face tachée ; à d'autres, on n'en décèle aucune. L'activité solaire n'est donc pas constante au cours du temps : elle obéit à un cycle de onze ans. Au début d'un cycle solaire, les taches apparaissent aux latitudes élevées et se rapprochent de l'équateur ; l'activité magnétique atteint alors son maximum. À la fin, les taches disparaissent et le cycle suivant commence. Chaque nouveau cycle est dû à la régénération du champ magnétique à l'intérieur du Soleil. C'est une sorte de dynamo géante qui s'entretient toute seule.

9

À quoi sont dues les aurores polaires ?

En plus des éruptions, notre étoile émet un flot continu de gaz ténu et de particules chargées électriquement : le vent solaire, qui souffle au-delà même de Pluton. Chaque seconde, le Soleil envoie ainsi plus d'un million de tonnes de matière dans le vent solaire. Habituellement, ce vent se propage à 400 kilomètres par seconde, mais les plus puissantes éruptions solaires peuvent le transformer en une véritable tempête s'abattant sur la Terre au bout de quelques heures, créant des dysfonctionnements dans le matériel embarqué à bord des satellites, usant les panneaux solaires et mettant en danger la santé des astronautes. Heureusement, notre planète s'abrite derrière son propre champ magnétique, une grande bulle appelée « magnétosphère », capable de dévier le vent solaire comme le ferait la proue d'un navire. Grâce à ce bouclier protecteur, le vent solaire n'approche la Terre qu'au niveau des pôles.

C'est précisément ce qui crée les aurores polaires. Les particules du vent solaire tombent en spirale le long du champ magnétique terrestre. À des altitudes comprises entre 100 et 400 kilomètres, elles entrent en collision avec les molécules de la haute atmosphère – oxygène et azote – et les rendent fluorescentes. Comme leur intensité varie, la couleur des aurores varie aussi en une véritable féerie, un kaléidoscope de couleurs dansant dans l'atmosphère supérieure de la Terre, visible essentiellement à haute latitude. Le Grand Nord canadien, l'Alaska et la partie nord de la Scandinavie sont des lieux d'observation privilégiés, en particulier à Fairbanks et Nome, deux villes de l'Alaska, où plus de deux cents jours avec aurores peuvent être observés par année !

Dans l'hémisphère nord, les aurores sont dites «boréales»; dans l'hémisphère sud, ce sont des aurores «australes».

Depuis les trente dernières années, les instruments de mesure par satellites ont permis de comprendre la relation de cause à effet entre les taches solaires et les aurores. Plus les taches sont nombreuses, plus le Soleil est actif, plus son vent est puissant et plus les aurores abondent. Leur fréquence atteint donc un maximum environ tous les onze ans, ce qui correspond au maximum d'activité des taches solaires.

10

Pourquoi les planètes sont-elles rondes ?

La Terre est ronde, mais aussi la Lune, les autres planètes, le Soleil et les étoiles. L'explication est à chercher dans la théorie de la gravitation universelle élaborée par Isaac Newton au XVIIe siècle. Deux particules matérielles s'attirent, la force d'attraction étant proportionnelle à leur masse et à l'inverse du carré de leur distance. Dans un corps solide ou liquide, les forces d'attraction mutuelles entre toutes les particules se composent, et tout se passe comme si les particules étaient attirées vers un seul et même point, qui est le centre de gravité du corps. C'est ainsi qu'à la surface de la Terre, les corps sont attirés par toute la masse de la Terre comme si elle était rassemblée au centre. C'est la raison de la pesanteur, et c'est pourquoi les objets tombent à la verticale, en direction du centre de la planète. Dans ces conditions, un corps céleste suffisamment massif s'établit naturellement dans un état d'équilibre dit « hydrostatique », qui, en l'absence de rotation, lui confère une forme parfaitement sphérique.

Dans un caillou, dont la taille est petite, les forces d'attraction ne sont pas suffisantes pour vaincre la résistance de la roche à la déformation, et sa forme est irrégulière. Même chose avec les astéroïdes et les noyaux de comètes, dont le rayon ne dépasse généralement pas quelques dizaines de kilomètres : ils restent de forme irrégulière, comme les rochers. Seules les planètes naines, dont le rayon est supérieur à environ 500 kilomètres (la valeur précise dépendant de la rigidité du manteau rocheux), prennent une forme sphérique, car les forces gravitationnelles sont assez importantes pour les former en boules. Même chose pour le Soleil et les étoiles qui sont beaucoup plus massives que les planètes.

Remarquons toutefois que la Terre n'est une sphère qu'en première approximation : elle est légèrement aplatie aux pôles et renflée à l'équateur, ce qui fait que la distance d'un pôle au centre de la Terre est plus courte d'une vingtaine de kilomètres que celle d'un point de l'équateur. La raison est que la Terre tourne sur elle-même, et c'est la force centrifuge qui provoque son aplatissement. Il en va de même pour les autres planètes, les étoiles, et même les trous noirs… Par ailleurs, si on ne sent pas la Terre tourner, c'est parce que nous tournons en même temps qu'elle et son atmosphère, et que cette vitesse est constante. Lorsqu'on se déplace dans un véhicule à vitesse uniforme, on ne ressent pas plus le mouvement que si on est au repos. Ce que notre corps perçoit, ce sont les accélérations. Un coup de frein en voiture, un trou d'air en avion ou un cahot sur la route sont perçus, car chacune de ces manifestations représente une accélération. Nous ressentons également la rotation d'un manège qui tourne. Il s'agit là de la force centrifuge ; elle existe aussi sur Terre, mais elle est trop faible pour contrecarrer notre masse appuyée par la pesanteur.

11

Que se passera-t-il quand le Soleil va mourir ?

Le Soleil est une boule de gaz chaud actuellement stable car il libère de l'énergie au centre et cette énergie, qui aurait tendance à le faire grossir ou même exploser, est compensée exactement par le poids des couches atmosphériques qui le compriment. Cette phase d'équilibre dure depuis 4,5 milliards d'années et durera à peu près encore autant. Mais le Soleil produit de l'énergie en consommant du carburant, qui est son propre hydrogène, le gaz qui le constitue à 90 %. Quand cette phase s'achèvera par épuisement de son combustible au centre, l'équilibre entre la pression de radiation expansive et la gravité compressive sera brisé et le Soleil se mettra à enfler.

Dans une première phase, il se dilatera pour atteindre peut-être deux cents fois sa taille actuelle, dévorant les planètes Mercure et Vénus. Il s'arrêtera de gonfler au niveau de l'orbite terrestre, mais notre planète, dépouillée de ses océans et de toute trace de vie, sera réduite à une boule de roches en fusion circulant dans l'atmosphère ténue mais brûlante du Soleil, à 2 000 °C.

Dans une seconde phase, le cœur du Soleil s'échauffera à cent millions de degrés, une température suffisante pour libérer une énergie nouvelle issue de la fusion de l'hélium en carbone. Notre étoile, devenue géante rouge, s'étendra alors jusqu'à l'orbite de Mars. La phase finale se produira lorsque l'hélium sera à son tour épuisé. Les réactions nucléaires s'arrêteront, l'enveloppe externe du Soleil sera éjectée sous forme d'une nébuleuse se diluant peu à peu dans l'espace interstellaire, tandis que son cœur, mis à nu, qui fonctionnait comme une centrale nucléaire, s'éteindra progressivement et se contractera sous l'effet de la gravitation qui ne sera plus compensée. Il formera un résidu stellaire appelé « naine blanche », rétréci aux dimensions d'une planète mais ayant la masse d'une étoile. Puis la naine blanche se refroidira lentement au cours de dizaines de milliards d'années et se transformera en naine noire.

Comme le Soleil est une étoile banale, c'est le sort qui attend 90 % des étoiles de l'Univers.

12

Où s'arrête le système solaire ?

Le système solaire est composé d'une étoile, le Soleil, et de tout ce qui gravite autour de lui : les planètes et leurs satellites, les astéroïdes, les corps glacés de la ceinture de Kuiper et les comètes, le gaz et les poussières interplanétaires. Sa limite est difficile à cerner. Certains planétologues la définissent comme la zone où s'arrête le vent solaire, ce gaz chaud que notre étoile souffle dans l'espace et qui porte le champ magnétique solaire. La frontière de cette « héliosphère » est située cent fois plus loin du Soleil que la Terre. C'est pourquoi on lit régulièrement dans la presse que la sonde spatiale Voyager 1, lancée en 1977 et aujourd'hui située à 19 milliards de kilomètres de la Terre, a quitté le système solaire. En réalité, elle n'a fait que franchir la limite de l'héliosphère.

Il est beaucoup plus pertinent de parler de « frontière gravitationnelle ». La force d'attraction gravitationnelle du Soleil décroissant en fonction du carré de la distance, elle devient très faible à longue portée, et l'on peut définir l'endroit où la force d'attraction d'une autre étoile va l'emporter sur celle du Soleil. On peut ainsi tracer autour de chaque étoile une zone d'influence gravitationnelle, comme une cuvette dans laquelle les objets sont attirés vers elle plutôt que vers une autre. Pour le système solaire, cette zone s'étend jusqu'au bord extérieur du nuage de comètes lointaines, le « nuage de Oort ». Celui-ci est le vestige de l'immense nébuleuse présolaire, dont la périphérie est restée disséminée en halo tandis que l'intérieur s'est condensé et aplati en un disque d'où sont nés le Soleil et les planètes. Or, ce nuage est beaucoup plus lointain que la plus éloignée des planètes et que la limite du champ magnétique solaire. Il s'étend en effet jusqu'à environ

1 année-lumière, soit 10 000 milliards de kilomètres. Un chiffre si grand qu'il ne nous parle plus. Imaginons alors un modèle à échelle réduite, où le Soleil n'est qu'une bille de 1 centimètre de diamètre ; la Terre est un grain de sable tournant à 1 mètre de distance, Pluton une poussière à 40 mètres ; la ceinture de Kuiper s'étend jusqu'à 55 mètres, l'héliosphère à 100 mètres, et le nuage de Oort jusqu'à... 100 kilomètres ! Voilà la véritable zone d'influence gravitationnelle de la petite bille centrale. Les grains de poussière gravitant à cette énorme distance (et pour lesquels le Soleil paraît à peine plus gros qu'une autre étoile) sont encore gouvernés par sa masse. Et, à cette même échelle, où se trouve la plus proche étoile ? À 400 kilomètres. C'est Proxima du Centaure, autre petite bille de 1 centimètre de diamètre.

13

La Lune a-t-elle vraiment une influence sur la Terre ?

Comme chacun le sait, la Lune est le satellite naturel de la Terre. Elle tourne autour d'elle en 27,3 jours à une distance moyenne de 384 000 kilomètres. La Lune tourne aussi sur elle-même en 27,3 jours. À cause de cette égalité entre rotation et révolution, la Lune présente toujours la même face à la Terre. Comme la Lune n'émet pas de lumière propre, mais réfléchit les rayons du Soleil, seule une moitié de sa surface est éclairée et, vue depuis notre planète, la portion visible de la Lune change au cours du mois : ce sont les phases lunaires. La face visible est complètement éclairée par le Soleil à la pleine lune, complètement plongée dans la nuit à la nouvelle lune, et partiellement éclairée le reste du temps, sous forme de croissant ou de quartier. Ces phases se reproduisant régulièrement tous les 29,5 jours, l'humanité a bâti des calendriers fondés sur le cycle des phases lunaires, influençant notamment les activités rurales (pour la visibilité de nuit) et de pêche (en fonction des marées).

L'influence principale de la Lune est due aux marées. Bien que quatre fois plus petite que la Terre et quatre-vingts fois moins massive, la Lune exerce sur notre planète une force de gravité attirant à elle les océans – le Soleil ayant aussi son rôle à jouer. Comme la Terre tourne, le renflement des océans de part et d'autre du globe terrestre fait monter et descendre les marées deux fois par jour : c'est pourquoi il s'écoule un laps de temps d'environ six heures entre la marée haute et la marée basse. Du fait de son état visqueux, le magma présent sous la croûte terrestre subit lui aussi des mouvements correspondant au passage du satellite : il existe donc aussi des « marées continentales », heureusement de bien moindre amplitude que les marées océaniques.

À cause des marées, la Lune influence la course du temps sur Terre. En effet, l'énergie dissipée par les marées ralentit la rotation terrestre. La durée du jour s'allonge petit à petit. De six heures à l'origine, il est passé à vingt-quatre heures aujourd'hui, et dans quelques milliards d'années, il vaudra cinquante de nos jours actuels. Corrélativement, le couple Terre-Lune se sépare progressivement. Enfin, la Lune assure le maintien de l'axe de rotation terrestre, dont l'angle avec la verticale reste « coincé » entre 21 et 24°. Sans Lune pour agir sur le renflement de l'équateur, la stabilité axiale disparaîtrait et, en quelques millions d'années, l'axe de la Terre se balancerait de façon chaotique selon des angles allant de 0 à 85°, détruisant toute stabilité climatique.

14

Pourquoi y a-t-il des planètes gazeuses et des planètes rocheuses ?

Les planètes rocheuses (dites aussi telluriques) sont celles qui ont une surface solide : ce sont Mercure, Vénus, la Terre et Mars. Elles sont principalement composées de roches et de métaux et ont une densité relativement élevée, une rotation lente, pas d'anneaux et peu ou pas de satellites.

Jupiter, Saturne, Uranus, Neptune sont au contraire des planètes gazeuses et sont énormes comparées à la Terre : Jupiter pourrait contenir mille trois cents fois le globe terrestre ! Elles sont principalement composées d'hydrogène et d'hélium, ont généralement une faible densité, une rotation rapide, des atmosphères épaisses et agitées ; par exemple, la Grande Tache rouge observée sur Jupiter et qui mesure trois fois la taille de la Terre est un tourbillon anticyclonique faisant rage depuis plusieurs siècles. Elles possèdent aussi un champ magnétique puissant, des anneaux et de nombreux satellites rocheux. Parmi ces satellites, certains (comme Titan autour de Saturne) sont de véritables petites planètes ; d'autres sont de simples débris de roche et de glace. Les géantes gazeuses sont stratifiées en couches de plus en plus denses à mesure que l'on s'y enfonce : à 1 000 kilomètres de profondeur, l'hydrogène devient liquide ; plus profond encore, il se transforme en métal.

La composition première de la Terre, tout comme celle de chacune des planètes, a été fortement influencée par sa position par rapport au Soleil. La chaleur dégagée par la jeune étoile a trié les éléments en fixant ceux qui pouvaient survivre à une distance donnée. De manière générale, l'eau et les gaz ont été refoulés vers la périphérie, formant les planètes gazeuses et les comètes, tandis que les métaux et les silicates résistaient bien à la chaleur. C'est pourquoi les quatre planètes proches du Soleil, dont la Terre, sont solides et riches en silice, fer, magnésium et aluminium. L'eau, les gaz et les matières carbonées n'ont été apportés sur Terre que plus tard, par les avalanches de comètes. Celles-ci, qui s'étaient formées dans la partie extérieure du disque, ont été arrachées de leur orbite par la force gravitationnelle des planètes géantes et projetées en désordre vers le centre où se trouvaient les planètes rocheuses.

15

Pourra-t-on un jour habiter sur Vénus ?

Vénus est souvent considérée comme la jumelle de la Terre. Les deux planètes ont en effet beaucoup de points communs : Vénus est à peine plus petite que notre globe (95 % du diamètre terrestre et 80 % de sa masse), les deux planètes possèdent peu de cratères d'impact (ce qui indique que leurs surfaces sont relativement jeunes, modelées par l'activité volcanique), leurs densités et leurs compositions chimiques sont voisines.

Ces ressemblances pourraient conduire à penser qu'en dessous de ses nuages denses, Vénus serait très semblable à la Terre, voire pourrait héberger la vie. L'exploration spatiale a montré qu'elle est en fait radicalement différente. Certes, au début de son histoire, Vénus possédait sans doute de grandes quantités d'eau, mais celles-ci se sont entièrement évaporées : notre jumelle est devenue une planète désertique et brûlante.

Si l'enfer existait, ce serait certainement sur Vénus. La planète baigne dans une atmosphère de gaz carbonique si dense qu'un puissant effet de serre élève la température au sol à 450 °C, assez pour faire fondre le plomb. Cette température s'accompagne d'une pression atmosphérique cent fois plus forte que sur Terre. Tout être vivant serait, sur Vénus, asphyxié par l'air, cuit par la chaleur et broyé par la pression atmosphérique, perspective qui laisse peu de place à l'espoir d'une future expédition humaine, même chez les visionnaires les plus optimistes.

L'épaisse couche nuageuse de l'atmosphère vénusienne empêche toute observation visuelle de la surface, et seule une cartographie de la planète par radar est possible. Vénus ainsi dévoilée montre une immense plaine monotone constituée de roches basaltiques avec, de-ci de-là, des collines peu élevées, des dômes volcaniques et d'innombrables failles et gorges, témoignant d'une intense activité géologique. Trois grands massifs montagneux rompent la monotonie du paysage. Le mont Maxwell culmine à 11 000 mètres. Les nombreux volcans sont situés essentiellement près de l'équateur, mais partout sur la planète se trouvent d'anciennes coulées de lave. L'une d'elles, qui s'étire sur 7 000 kilomètres, est la plus longue coulée de lave repérée dans le système solaire.

16

D'où viennent les anneaux qui entourent certaines planètes ?

Une propriété remarquable des grosses planètes gazeuses est de posséder des anneaux. Ceux de Saturne sont connus depuis longtemps; les autres ont été découverts récemment car ils sont très ténus. Les anneaux sont des zones à peu près circulaires de matière, peuplées d'une multitude de petits corps solides gravitant dans le plan équatorial de leur planète. Par exemple, les anneaux de Saturne ont moins de 1 kilomètre d'épaisseur, mais leur largeur dépasse la distance Terre-Lune. Les anneaux présentent cependant des caractéristiques très différentes d'une planète à l'autre. Ceux d'Uranus sont très sombres parce que constitués de poussières carbonées, tandis que ceux de Saturne – de loin les plus spectaculaires – sont très brillants car formés de blocs recouverts de glace. Ils sont si proches de la planète géante que la force de gravitation les empêche de former un gros satellite. On y trouve donc de minuscules lunes, allant du grain de poussière jusqu'au rocher ayant la taille d'une locomotive.

Ceux de Neptune présentent des zones plus ou moins denses, de sorte que, vus depuis la Terre au télescope, ils paraissent incomplets et prennent l'aspect d'arcs de matière. Comme les anneaux de Neptune sont une découverte essentiellement française, ils portent les noms de valeurs universelles : Courage, Liberté, Égalité, Fraternité. Les quatre premières lettres forment la CLEF d'une énigme : les arcs de Neptune détiennent une partie des réponses essentielles à notre compréhension de la formation de tout le système solaire. L'une des nombreuses énigmes que posent les anneaux est en effet celle de savoir s'ils sont les vestiges de la formation des planètes, les débris d'un ou de plusieurs satellites qui, s'étant approchés trop près, sont entrés en collision, le résultat de processus d'évolution par fragmentations et agrégations successives, ou une combinaison de tous ces processus.

Quoi qu'il en soit, il semble que la formation d'anneaux accompagne nécessairement celle des grosses planètes. D'ailleurs, nombre de planètes extrasolaires – gravitant autour d'autres étoiles que le Soleil – possèdent vraisemblablement des anneaux.

En mars 2014, la découverte inattendue d'un double anneau autour de l'astéroïde Chariklo, un petit corps d'à peine 250 kilomètres de diamètre gravitant à plus de 2 milliards de kilomètres du Soleil, soulève de nouvelles questions sur la formation de ces élégantes structures.

17

Pourquoi la planète Pluton n'en est plus une ?

Dans la petite famille des planètes du système solaire, Pluton fait bande à part. Quoique petite et rocheuse, elle est très éloignée du Soleil. Pour figurer dignement parmi les planètes, elle paraît un peu chétive (six fois moins massive que la Lune) et, surtout, elle perturbe l'harmonie de la belle distribution planétaire : quatre rocheuses près du Soleil, quatre gazeuses loin du Soleil, et puis encore une rocheuse… Mais pour entrer dans la catégorie des astéroïdes, Pluton est excessivement dodue. S'agirait-il d'un satellite de Neptune qui s'est échappé ? En tout cas, leurs trajectoires se croisent, Pluton étant par moments plus proche du Soleil que Neptune du fait de son orbite très elliptique. Quoi qu'il en soit, il s'agit d'une infiltrée qui a réussi à se faire passer pour une planète alors qu'elle n'est qu'un gros caillou, comme il en existe des milliers à cette distance du Soleil. La polémique a précisément éclaté avec la découverte en 2003, au-delà de Pluton, d'un corps plus gros que lui, baptisé Eris, et qui se portait candidat au titre de dixième planète. Fallait-il accepter Eris, une planète de plus, au risque de voir surgir par la suite d'innombrables autres candidats, ou bien rétrograder Pluton ?

Tout dépend de ce que l'on appelle « planète ». Sa définition même est alors entrée en crise. Les astronomes réunis en assemblée générale en août 2006 ont tranché, par un vote à main levée, en faveur d'une définition plus restrictive. Est une planète tout corps gravitant autour du Soleil, qui est sphérique « et qui a dégagé le voisinage autour de son orbite » en attirant à elle les particules et les débris, vestiges de la formation du système solaire. Or, ce n'est pas le cas de Pluton, ni d'Eris, ni d'autres corps de même nature découverts ultérieurement, dits «transneptuniens». Ces objets inaugurent donc une nouvelle catégorie, celle des planètes naines, intermédiaire entre les planètes et les autres petits corps du système solaire.

18

Pourquoi les comètes ont-elles des chevelures ?

Loin du Soleil, une comète se réduit à un noyau solide de quelques kilomètres et de forme irrégulière, constitué d'un conglomérat de glaces, de poussières et de roches. À mesure que ce noyau se rapproche du Soleil, il se réchauffe. À une distance d'environ 600 millions de kilomètres, les glaces commencent à se sublimer, libérant des gaz et des poussières. Le noyau s'entoure alors d'une nébulosité diffuse, la chevelure (ou coma): l'astre devient visible. Repoussées par le vent solaire, les molécules ionisées formées dans la chevelure engendrent dans la direction opposée à celle du Soleil une longue queue rectiligne dite «queue de gaz», qui s'illumine par fluorescence et peut s'étirer sur plusieurs centaines de millions de kilomètres. Les poussières éjectées du noyau sont quant à elles repoussées par la pression du rayonnement solaire et forment une queue de poussière jaunâtre, plus diffuse et incurvée.

Sur le millier de comètes actuellement répertoriées, certaines sont périodiques car elles sont apparues plus d'une fois; leur orbite est une ellipse plus ou moins allongée, de sorte que leurs périodes de révolution sont comprises entre quelques années et quelques siècles. Mais la plupart des comètes ont des orbites si allongées qu'elles ne sont apparues qu'une fois, voire jamais, dans l'histoire de l'humanité. En outre, leurs plans orbitaux sont distribués dans toutes les directions de l'espace. Ceci a conduit l'astronome néerlandais Jan Oort, en 1950, à postuler l'existence d'un vaste halo sphérique, appelé «nuage de Oort», situé aux confins du système solaire, dans lequel se concentreraient quelque mille milliards de noyaux cométaires, représentant une masse équivalant à plusieurs fois celle de la Terre. C'est à la suite de perturbations gravitationnelles provoquées soit par des étoiles voisines du système solaire, soit par des instabilités internes au nuage de Oort, ou encore par des collisions mutuelles, que certains noyaux cométaires se trouvent injectés sur des orbites plongeantes, les conduisant près du Soleil. Quant aux comètes à courte période, on admet qu'elles proviennent d'un second réservoir beaucoup plus proche mais situé au-delà de Neptune et concentré dans le plan de l'écliptique : la ceinture de Kuiper.

De mémoire humaine, et surtout depuis les télescopes, on a répertorié des milliers de comètes, certaines très caractéristiques parce qu'elles réapparaissent régulièrement au voisinage du Soleil en suivant toujours la même trajectoire. La plus célèbre est la comète de Halley, qui revient tous les soixante-seize ans. Ses premiers passages historiques sont notés dans les annales astronomiques chinoises, deux mille ans avant notre ère.

Au cours de leurs multiples révolutions autour du Soleil, les noyaux cométaires s'usent, s'appauvrissant progressivement en éléments volatiles. Certaines comètes finissent par ressembler aux astéroïdes. D'autres connaissent un destin plus violent, leur noyau se fragmentant brutalement après un passage à courte distance du Soleil. Un exemple spectaculaire reste la comète Biela, dont on a observé l'éclatement en 1846 et la disparition définitive en 1872. Mais les plus grosses comètes, comme celle de Halley, peuvent survivre à des centaines de passages avant de se disloquer. Il peut arriver aussi qu'une comète heurte une planète : en juillet 1994, les fragments du noyau de la comète Shoemaker-Levy 9 se sont précipités sur Jupiter.

VOIE LACTÉE, ÉTOILES ET TROUS NOIRS

19

Pourquoi les étoiles scintillent-elles et pas les planètes ?

La fluctuation de l'éclat des étoiles qui nous fait dire qu'elles scintillent – au contraire des planètes, dont l'éclat est constant – est due à la fois à leur distance et à l'agitation de l'atmosphère terrestre. Très éloignées de la Terre, les étoiles sont quasi ponctuelles et nous envoient une lumière dont seul un faisceau pratiquement filiforme nous parvient. Or, la turbulence de l'atmosphère évolue en permanence, et la perturbation qu'elle induit sur le faisceau lumineux change en quelques dixièmes de seconde. À un certain instant, les ondulations liées à la turbulence dévient légèrement le rayon et l'étoile semble soudainement moins brillante ; une fraction de seconde plus tard, le rayon attire normalement notre œil, et un rayon lumineux voisin, qui jusque-là ne nous parvenait pas, peut même renforcer un instant son éclat. Le résultat enregistré par notre cerveau est cette fluctuation lumineuse, ce scintillement de l'étoile, donnant aussi l'impression que la position de l'astre a légèrement bougé.

Le phénomène est d'autant plus important que la lumière provenant de l'étoile traverse une épaisseur d'atmosphère plus grande (autrement dit, lorsque l'étoile est au niveau de l'horizon); au contraire, le phénomène s'atténue pour les étoiles situées au zénith. Un effet similaire se produit la journée lorsque le bitume d'une route a été chauffé par le Soleil, ce qui engendre une agitation thermique au-dessus de la route : un objet observé au ras de la route semble alors bouger.

Par ailleurs, la scintillation est plus importante lorsque la longueur d'onde de la lumière est courte car elle subit alors une réfraction plus importante. Les étoiles à l'éclat rouge, comme Antarès, scintillent donc moins que les étoiles de couleur bleue comme Sirius.

Une planète est beaucoup plus proche qu'une étoile, son disque lumineux réfléchissant la lumière solaire a un diamètre apparent qui n'est plus négligeable. La lumière qu'elle nous envoie est constituée d'une multitude de rayons qui ne sont pas tous altérés en même temps par l'atmosphère terrestre. Certains sont renforcés pendant que d'autres sont affaiblis par les turbulences atmosphériques, de sorte que la quantité de lumière moyenne reçue par l'œil reste constante : la planète ne scintille pas.

20

Comment naissent les étoiles ?

Avec les télescopes actuels, il est possible d'assister en direct à l'accouchement d'une étoile, ou plutôt d'une nichée d'étoiles, car celles-ci naissent souvent par paquets à partir de la contraction de grands nuages d'hydrogène moléculaire. Ces épidémies stellaires sont dues à des perturbations s'enclenchant en série quand le souffle d'une étoile naissante déstabilise de proche en proche les nuages voisins, ou bien à des explosions de supernovae perturbant le voisinage sur des dizaines d'années-lumière à la ronde, ou encore à une collision de galaxies qui occasionne des accumulations de grandes quantités de gaz – on parle alors de « flambées d'étoiles », un phénomène ressemblant à un feu d'artifice cosmique et pouvant durer des millions d'années. À cet égard, notre Voie lactée est plutôt calme, elle ne forme que quatre ou cinq nouvelles étoiles par an.

Quand un nuage protostellaire se contracte, il forme un cocon de plus en plus dense et chaud, appelé « globule de Bok » en jargon scientifique, ou plus simplement « sac à charbon » à cause de son aspect opaque. En effet, il apparaît noir sur des clichés par ailleurs constellés de points lumineux parce qu'il contient suffisamment de poussières interstellaires pour absorber le rayonnement. C'est dans ces globules que se forment les embryons d'étoiles. Ceux-ci commencent à chauffer, donc à émettre du rayonnement infrarouge. Par chance pour les astronomes, ce rayonnement, contrairement à la lumière visible, n'est pas arrêté par les poussières. Pour observer les embryons d'étoiles, on fait donc l'équivalent d'une échographie sur les matrices stellaires : en braquant des télescopes à infrarouge vers les sacs à charbon, on y détecte bel et bien les embryons stellaires.

À ce stade, ces « protoétoiles » ne sont pas encore sphériques, pas encore sculptées par leur propre gravité. Elles ne sont pas autonomes mais restent liées au milieu extérieur, comme un véritable embryon qui échange de la matière avec son placenta. Sur les clichés en infrarouge, les proto-étoiles ressemblent à un champ de patates chaudes, sortes de halos ellipsoïdaux dont le centre est le point le plus intense. Quand les protoétoiles émergent enfin de leur matrice, elles se mettent à briller intensément en se contractant sous leur propre gravité. Elles ne fonctionnent pas encore comme les étoiles « adultes » qui, elles, brillent en brûlant leur combustible hydrogène.

21

Qu'est-ce qu'une naine blanche ?

La vie active d'une étoile de masse ordinaire comme le Soleil s'arrête lorsque, à la fin de la phase de géante rouge, elle a converti tout son stock d'hélium en carbone et en oxygène. Dans un sursaut final, elle projette son enveloppe gazeuse dans l'espace, tandis que son noyau ultra dense se contracte pour devenir une naine blanche.

Naine parce que, suite à la compression gravitationnelle, la taille du cœur stellaire devient aussi petite que celle de la Terre. Blanche parce que sa surface est « chauffée à blanc », à une température pouvant monter à 100 000 °C. Mais, en raison de sa petite taille, sa luminosité est très faible, un millième de celle du Soleil. Avec un rayon de 10 000 kilomètres seulement pour une masse d'étoile, une naine blanche est extrêmement dense : un dé à coudre de sa matière pèserait 1 tonne ; c'est quarante mille fois plus que les métaux les plus denses connus sur Terre, comme l'or ou le platine. La matière qui la constitue est dite « dégénérée » ; ce terme emprunté à la physique quantique décrit un gaz d'électrons libres dans lequel la pression usuelle, due à l'agitation thermique, est négligeable devant la pression d'origine quantique. Cette propriété impose une relation précise entre la masse et le rayon d'une naine blanche, qui fait que celle-ci ne peut supporter une masse supérieure à 1,4 fois celle du Soleil ; au-dessus de cette « limite de Chandrasekhar » – du nom de l'astrophysicien qui l'a découverte –, la pression quantique des électrons ne peut plus résister à la compression gravitationnelle et la naine blanche s'effondre pour former un résidu encore plus compact : une étoile à neutrons.

Les astronomes ont déjà observé beaucoup de naines blanches entourées de nébuleuses planétaires ; certaines sont arrondies en forme d'anneau, d'autres ressemblent à un papillon aux ailes déployées. Quatre-vingt-dix pour cent des étoiles achèvent ainsi leur vie de lumière.

La première naine blanche à avoir été découverte et la mieux étudiée est le compagnon de la brillante étoile Sirius : nommée Sirius B, elle gravite à très faible distance de Sirius A, décrivant son orbite en cinquante ans. Son éclat, dix mille fois plus faible que celui de son partenaire, n'est qu'un lampion noyé dans une aveuglante lumière.

Une fois formée, la naine blanche se refroidit très lentement, se transformant peu à peu en naine noire. Ce faisant, le carbone dont elle est constituée se cristallise et acquiert une structure semblable à celle d'un diamant à très haute densité.

22

Qu'est-ce qu'une explosion de supernova ?

Quand une étoile massive – au moins huit fois la masse du Soleil – atteint un stade avancé de son évolution, elle explose et se manifeste temporairement par un éclat considérablement plus élevé : c'est une supernova. La plus grande partie de la masse est éjectée au cours de l'explosion et constitue ce qu'on appelle un « reste » de supernova ; celui-ci reste observable durant des siècles, voire des milliers d'années, sous la forme d'une nébuleuse gazeuse en expansion. La fraction de masse non éjectée – le cœur de l'étoile – s'est au contraire effondrée pour former un résidu très compact, sous la forme d'une étoile à neutrons. L'énergie libérée est énorme ; la matière est éjectée à des vitesses de plusieurs milliers de kilomètres par seconde. À son maximum d'éclat, une supernova peut devenir aussi lumineuse que la galaxie qui l'abrite ; sa luminosité est alors de l'ordre de dix milliards de fois celle du Soleil.

Comme les supernovae sont rares, les télescopes modernes les détectent essentiellement dans les galaxies extérieures. Mais les astronomes ont pu en observer quelques-unes en train d'exploser : une bonne dizaine ont été observées à l'œil nu. La plus célèbre a été repérée en Chine en l'an 1054. À son maximum d'éclat, elle brillait même en plein jour. Ses débris forment aujourd'hui la nébuleuse du Crabe, une bombe thermonucléaire géante qui continue d'exploser dans l'espace mille ans plus tard.

On distingue en fait deux types principaux de supernovae, qui diffèrent par leur spectre et la courbe d'évolution de leur luminosité en fonction du temps. Celles du type I résultent probablement de l'évolution d'un système binaire dont l'une des composantes est une naine blanche ; celle-ci arrache progressivement, par attraction gravitationnelle, de la matière à sa compagne ; le gaz s'accumule en surface, fait croître la masse de la naine blanche, et lorsque celle-ci dépasse la limite fatidique de 1,4 masse solaire, elle s'effondre en étoile à neutrons en dégageant une énorme énergie. Ces supernovae ayant toujours la même luminosité intrinsèque, elles font office de « chandelles standard » et sont très utiles pour sonder l'Univers à grande échelle ; c'est notamment grâce à elles qu'en 1998, l'accélération de l'expansion de l'Univers a été mise en évidence.

Les supernovae de type II sont des étoiles isolées très massives qui explosent après épuisement de leur combustible nucléaire : leur noyau, principalement constitué de fer, implose brutalement lorsque les réactions nucléaires s'y arrêtent, les couches périphériques tombent sur le résidu compact et rebondissent pour exploser, l'essentiel de l'énergie étant fourni par des neutrinos.

23

Qu'est-ce qu'un trou noir ?

Un trou noir est une région de l'espace-temps dans laquelle le champ de gravitation qui y règne est si grand que rien, pas même la lumière, ne peut s'en échapper. Seule la relativité générale permet de décrire correctement ce lien entre la gravitation et la lumière : l'espace-temps est comme un tissu élastique d'autant plus courbé et déformé que les corps qui s'y trouvent sont plus compacts. Le trou noir est le cas extrême où l'espace-temps est tellement courbé qu'il forme un puits de gravitation dans lequel, une fois entré, il est impossible de faire marche arrière pour ressortir.

La surface d'un trou noir n'est pas « solide », ni même matérielle : c'est une frontière géométrique délimitant une zone de non-retour. On l'appelle « horizon des événements », en ce sens que tout événement susceptible de se produire au sein du trou noir est hors de vue de tout observateur extérieur. Ce dernier peut toutefois déceler la présence physique du trou noir par son champ gravitationnel (associé à sa masse), son moment angulaire (associé à sa rotation) et son éventuelle charge électrique.

En théorie, il peut exister des trous noirs de toutes tailles et de toutes masses, allant des micro-trous noirs, aussi petits qu'une particule élémentaire avec la masse d'une montagne, aux trous noirs super-massifs aussi grands que le système solaire et rassemblant l'équivalent de plusieurs milliards de soleils, en passant par les trous noirs « ordinaires » issus de l'évolution stellaire, dont les tailles sont de quelques kilomètres pour une masse comprise entre trois et vingt fois celle du Soleil.

Normalement, un trou noir ne peut que grossir en absorbant de la matière. C'est donc un immense réservoir d'énergie ; des chercheurs ont imaginé des processus permettant de freiner un trou noir en rotation en y déversant de la matière (par exemple des déchets) selon certaines trajectoires, et de récupérer une partie de son énergie rotationnelle.

Le «rayonnement de Hawking» est un phénomène particulier, à savoir la possibilité pour un trou noir de rayonner très faiblement, donc de perdre de l'énergie et de s'évaporer avec une extrême lenteur. Ce phénomène ne concernerait toutefois que les trous noirs microscopiques, qui auraient pu se former durant la phase primordiale de l'Univers.

24

Un trou noir risque-t-il un jour de nous aspirer ?

Le trou noir est souvent représenté comme un ogre cosmique dévorant tout autour de lui ; en réalité, il n'attire irrésistiblement la matière que dans un rayon d'action relativement limité. Ce n'est que son environnement immédiat qui est affecté ; dès que l'on s'en éloigne un peu, le trou noir se comporte comme un corps massif ordinaire. Si, par exemple, on mettait à la place du Soleil un trou noir de même masse – son diamètre serait alors de 6 kilomètres –, notre planète continuerait à orbiter exactement comme elle le fait, sans être davantage « attirée » par les forces gravitationnelles du trou noir (la seule différence étant qu'il n'y aurait plus de lumière !).

Il existe cependant, au centre des galaxies, des trous noirs géants dont les masses dépassent le milliard de masses solaires ; corrélativement, leur diamètre, proportionnel à leur masse, est de plusieurs milliards de kilomètres, de sorte que leur influence s'étend jusqu'à plusieurs années-lumière, affectant les orbites d'étoiles voisines et attirant à eux de grandes quantités de gaz. Des étoiles tout entières peuvent même être « gobées » comme des mouches dans ces immenses puits. Néanmoins, le rayon d'action de ces trous noirs géants reste très limité par rapport à la taille des galaxies dans lesquelles ils se trouvent.

Un processus plus intéressant pour les astrophysiciens est le cas d'un trou noir raisonnablement massif (quelques millions de masses solaires, comme celui qui se trouve au centre de notre Voie lactée). Dans ce cas, certaines étoiles happées par le champ de gravité du trou noir – mais sans tomber dedans – pénètrent dans une zone critique, délimitée par un « rayon de marée », à l'intérieur duquel elles vont être brisées par les gigantesques forces de gravitation différentielles engendrées par le trou noir. Ce faisant, ces étoiles sont aplaties dans leur plan orbital sous forme de « crêpes » gazeuses qui, en chauffant, peuvent déclencher une gigantesque explosion les rendant soudain très lumineuses, avant de ressortir déchiquetées en lambeaux gazeux. De telles « crêpes stellaires flambées », initialement prévues par des calculs théoriques, sont aujourd'hui couramment observées grâce aux télescopes spatiaux les plus perfectionnés.

25

Pourrait-on voyager dans l'espace en utilisant les trous noirs ?

L'idée d'utiliser les trous noirs pour voyager dans l'espace et le temps découle de l'une des hypothèses les plus fascinantes de la relativité générale, selon laquelle on peut considérer le trou noir comme un puits de gravitation creusé dans la texture même de l'espace-temps. La question qui se pose est de savoir si ce puits a un fond ou pas. S'il a un fond, la matière et l'énergie s'accumulent dans le trou noir et le font grossir – ce qui semble être la réponse la plus évidente.

Il se trouve que, pour certaines solutions des équations de la relativité générale décrivant la forme extrêmement distordue de l'espace-temps au sein d'un trou noir en rotation, le fond disparaît et il est remplacé par un « trou de ver » (*wormhole* en anglais), sorte de connexion entre le trou noir et une autre région de l'Univers symétrique du trou noir, d'où l'énergie et la lumière sortiraient spontanément, et appelée de ce fait « fontaine blanche ». Une particule ou un vaisseau spatial plongeant dans un trou noir ne resteraient donc pas bloqués au fond pour y être détruits par des forces gravitationnelles quasi infinies ; ils pourraient traverser sans encombre le trou de ver et ressortir ailleurs dans l'Univers, arbitrairement loin dans l'espace et dans le temps – y compris dans le passé !

L'hypothèse fascine les physiciens, et davantage encore les écrivains de science-fiction, dans la mesure où les trous de ver feraient office de « raccourcis » permettant de voyager d'un bout à l'autre de l'Univers en s'affranchissant des distances normalement impossibles à parcourir en raison de la limitation de vitesse imposée par la lumière. Cela permettrait à une civilisation suffisamment avancée pour maîtriser de telles « portes » de voyager vers les autres étoiles, voire les autres galaxies. Notons cependant qu'en raison des importantes forces de marée gravitationnelles engendrées par un trou noir, seuls les trous noirs géants présents au centre des galaxies, et leurs éventuels trous de ver associés, ne présenteraient pas de danger pour l'intégrité d'un vaisseau spatial. Leur densité moyenne est en effet plus faible que celle de l'air et les forces de marée correspondantes sont négligeables.

Si ces modèles existent mathématiquement, il y a hélas peu d'espoir qu'ils correspondent à une quelconque réalité physique. D'une part, aucune fontaine blanche n'a jamais été observée – contrairement aux trous noirs. D'autre part, même si un trou de ver pouvait se former dans la nature, il serait extrêmement instable et se boucherait à la moindre perturbation, ne serait-ce qu'une particule élémentaire le pénétrant, ou *a fortiori* un vaisseau spatial.

Comme les théoriciens ne sont jamais à court d'idées, ils ont imaginé que l'on pourrait artificiellement stabiliser un trou de ver en y injectant une forme d'énergie répulsive afin de traverser les trous noirs sans encombre…

GALAXIES, UNIVERS ET BIG BANG

26

Comment les galaxies se sont-elles formées ?

L'idée de base est qu'à l'origine des galaxies, il y a du gaz, formé d'atomes élémentaires comme l'hydrogène et l'hélium. Au cours du temps, des régions plus denses que d'autres se forment. Elles continuent à se densifier, leurs dimensions augmentent jusqu'à ce que les premières étoiles apparaissent : le gaz s'est gravitationnellement effondré. Peu à peu, les nuages de gaz deviennent des galaxies aux formes variées, de l'ellipsoïde à la spirale aplatie.

La formation des galaxies compte toutefois de nombreuses inconnues. De fait, on ne sait pas encore si ce sont les petits objets de type étoiles et amas d'étoiles qui se sont constitués en premier et qui, ensuite, se sont regroupés pour former les structures plus grandes comme les galaxies et les amas de galaxies, ou bien l'inverse, à savoir la formation de grandes structures, qui se fragmentent ensuite en unités plus réduites. Ce que l'on sait, c'est que cela s'est passé très tôt dans l'histoire de l'Univers. La plus vieille étoile connue, découverte en 2014, s'est formée 200 millions d'années seulement après le Big Bang. Les premières galaxies naines, briques des futures grandes galaxies, sont sans doute nées 500 millions d'années après le Big Bang.

Il y a de quoi être surpris que les galaxies se soient formées aussi vite, puisque 400 000 ans après le Big Bang, aucune d'entre elles n'existait, l'Univers n'étant alors qu'un plasma chaud en expansion, extrêmement homogène mais agité de minuscules fluctuations de densité. Les étoiles et les galaxies se sont rapidement formées à partir de ces grumeaux. Or, le processus de condensation nécessaire à leur constitution allait à l'encontre du fort mouvement d'expansion que l'espace connaissait à ce moment-là. C'est évidemment la gravitation qui a été responsable de ces condensations ; encore faut-il qu'elle ait eu le temps d'agir, ou qu'elle ait été plus intense que ce que l'on pensait précédemment. Cela a probablement exigé de grandes quantités de matière noire, dont la contribution gravitationnelle aurait accéléré le processus.

Une autre hypothèse est la formation préalable d'une première génération de trous noirs primordiaux massifs (environ un million de masses solaires), sortes de « graines » gravitationnelles qui auraient fait office de catalyseurs pour la formation des galaxies.

27

Comment a-t-on découvert l'expansion de l'espace ?

Dans les années 1920, les astronomes américains Vesto Slipher et Edwin Hubble ont commencé à mesurer le décalage spectral des galaxies et se sont rendu compte que celui-ci était généralement décalé vers le rouge, c'est-à-dire vers les basses fréquences. Tout le monde a expérimenté l'effet Doppler acoustique : une source sonore qui se rapproche présente un son plus aigu, ou plus grave si la source s'éloigne. Le même phénomène se produit pour la lumière. Si l'on prend donc le spectre d'une galaxie présentant un décalage vers le rouge et qu'on l'interprète comme un effet Doppler, on dira que la galaxie s'éloigne de nous, animée d'une « vitesse de fuite ». Un problème s'est posé lorsque les astronomes ont découvert que le décalage spectral des galaxies est systématiquement rougi – à part celui des quelques galaxies les plus proches de nous –, et que ce décalage est d'autant plus grand que les galaxies sont plus éloignées. Les premières « vitesses de fuite » ainsi mesurées, 500 km/s, pouvaient encore être interprétées en termes de mouvement réel des galaxies. Mais à mesure que les observations sont devenues plus profondes et les galaxies analysées plus lointaines, les vitesses de fuite ont grimpé à 1000, puis 10000, 50000 km/s, etc. Comment des objets aussi massifs que les galaxies pourraient-ils avoir réellement de telles vitesses propres ? Les observateurs étaient perplexes. La bonne réponse était contenue en germe dans la théorie de la relativité générale, et c'est le Belge Georges Lemaître qui a découvert la clef de l'énigme. En 1927, il a montré que ce ne sont pas les galaxies qui s'éloignent réellement de nous, mais c'est l'espace nous en séparant qui est en expansion. Le contenant se dilate, donnant l'illusion que les galaxies lointaines – le contenu – s'éloignent les unes des autres. La différence est fondamentale. D'une part, l'espace est en expansion en chacun de ses points et pas seulement autour de nous, de sorte qu'il n'existe pas de centre d'expansion particulier. D'autre part, il peut se dilater à une vitesse arbitrairement grande et emporter les galaxies à des vitesses apparentes supérieures à la vitesse de la lumière, sans contrevenir aux lois de la relativité – alors que de « vraies » vitesses superluminiques seraient, elles, interdites.

28

Dans quoi l'Univers est-il en expansion ?

La question vient naturellement à l'esprit, mais elle est liée à une image mentale incorrecte de ce qu'est réellement l'expansion de l'espace. On imagine souvent l'Univers en expansion comme l'intérieur d'un ballon qui gonfle au sein d'un espace extérieur préétabli. Cette image est en partie correcte si l'on considère seulement l'Univers «observable», au centre duquel nous nous trouvons forcément, qui est limité par une surface sphérique au-delà de laquelle on ne peut pas voir (l'horizon cosmologique), et qui gonfle bel et bien dans le «vrai» Univers. Mais par définition, ce dernier contient l'ensemble de toutes les positions possibles de l'espace. S'il se dilatait «dans» quelque chose, ce quelque chose serait aussi de l'espace et appartiendrait encore à l'Univers : cela n'a donc aucun sens.

On ignore par ailleurs si l'Univers est fini ou infini. Les deux hypothèses sont compatibles avec les équations de la relativité générale et les observations astronomiques (même si ces dernières ne pourront jamais prouver que l'espace est infini). Ce qui est certain, c'est que si l'Univers est fini, il n'a pas de bord. Sinon, qu'y aurait-il au-delà du bord, sinon l'Univers lui-même ?

Il n'est pas facile d'imaginer que l'Univers puisse être fini sans avoir de bord ni d'extérieur. Les objets de la nature que nous connaissons sont plongés dans l'espace tridimensionnel, et dès lors qu'ils sont de volume fini – un cube, une bouteille, etc. –, ils ont une surface qui les délimite, un bord. Il en va tout autrement pour l'Univers, qui n'est pas contenu dans un espace de dimension supérieure. La géométrie non euclidienne et la topologie – branche des mathématiques qui traite de toutes les formes possibles de l'espace – permettent de concevoir assez simplement des modèles d'Univers fini sans bords. Dans de tels espaces, un vaisseau spatial filant droit devant lui peut revenir à son point de départ sans jamais avoir fait demi-tour ni s'être éloigné à l'infini ; c'est le monde de certains jeux vidéo dans lesquels les personnages ne quittent jamais l'écran. Les observations astronomiques sont parfaitement compatibles avec ce type de modèles ; ces derniers obéissent bien entendu aux lois du Big Bang et sont donc en expansion « intrinsèque », en ce sens que les séparations entre leurs points augmentent au cours du temps.

29

Pourquoi la nuit est-elle noire ?

À première vue, il n'y a pas lieu de s'étonner que la nuit soit noire. Le Soleil couché ne délivre plus de lumière, seules restent les étoiles pour éclairer faiblement la nuit. Supposons cependant que l'espace soit infini et uniformément rempli d'astres (étoiles, galaxies). En quelque direction que nous regardions, nous devrions trouver un astre plus ou moins éloigné sur notre ligne de visée : le fond du ciel devrait ressembler à une voûte radieuse continûment tapissée d'étoiles, à la façon d'un gigantesque soleil. Pourquoi n'en est-il pas ainsi ? C'est le paradoxe dit « de la nuit noire ». Il a été formulé pour la première fois par Johannes Kepler en 1610. Pour le résoudre, ce dernier avait supposé que l'Univers était fini, borné par une voûte. Dans ce cas, les étoiles seraient en trop petit nombre pour couvrir le ciel entier.

Comment y répondre dans le cadre de la cosmologie moderne, qui n'admet pas que l'espace puisse avoir un bord ? La solution a été trouvée par l'écrivain Edgar Allan Poe en 1848 : le noir de la nuit repose sur la « finitude du temps ». En effet, observer loin dans l'espace équivaut à observer le passé. Or, on sait que les étoiles n'existent pas depuis plus de 14 milliards d'années, et nous ne pouvons recevoir leur lumière que si celle-ci a eu le temps de nous atteindre. Il se trouve donc une frontière spatiale au-delà de laquelle nous ne recevons pas de lumière. Le paradoxe est résolu.

Toutefois, selon les modèles de Big Bang, il y a environ 14 milliards d'années, l'Univers entier était réduit à un plasma tellement chaud que chacun de ses points était aussi lumineux que la surface du Soleil. Chaque direction partant de notre œil aboutit à un point de l'Univers passé. Et, par le même raisonnement que celui de Johannes Kepler, même en l'absence de toute étoile, nous devrions être entourés par cet énorme « objet » brillant que fut l'Univers primitif.

Il n'y a pas de nouveau paradoxe. Nous recevons bien ce rayonnement, mais il est décalé vers les grandes longueurs d'onde et il est fortement atténué. Ce vestige électromagnétique a été détecté pour la première fois en 1965 dans le domaine des micro-ondes. Il est aujourd'hui abondamment observé sous le nom de « rayonnement de fond cosmologique ».

30

Le Big Bang a-t-il vraiment été une grande explosion ?

Les scientifiques s'accordent à dire que notre Univers est né du Big Bang. La plupart des gens visualisent ce dernier sous la forme d'une grande explosion originelle, comme le terme le suggère. De la matière aurait été éjectée à une vitesse prodigieuse à partir d'un point central, et on se dit qu'il valait mieux ne pas être là au moment de l'explosion pour ne pas être criblé de particules…

Rien de tout cela n'est exact. Le Big Bang n'est pas un point localisé au sein d'un espace préétabli. Il marque juste le début de l'expansion de l'Univers, en ce sens que si un observateur avait été présent à cette époque, il aurait constaté que tous les points voisins commençaient à s'éloigner de lui. C'est une forme de déplacement dont aucun être humain n'a fait l'expérience. Il n'est donc pas surprenant que notre intuition soit rebelle à ses implications et cherche d'autres interprétations moins radicales. Ainsi, lorsque le Russe Alexandre Friedmann, en 1922, et le Belge Georges Lemaître, en 1927, ont découvert que l'expansion de l'Univers était rendue possible par les lois de la relativité générale, prétendant même que ce modèle devait décrire la réalité physique, ils ont rencontré de nombreux détracteurs – au premier rang desquels Albert Einstein lui-même ! Le terme « Big Bang » a d'ailleurs été inventé en 1950 par le principal adversaire de la théorie, Fred Hoyle, qui voulait dénigrer l'idée d'un « grand boum ». Cela a plu au grand public, et les scientifiques ont dû eux-mêmes adopter le terme, bien qu'il véhicule une image incorrecte…

Par ailleurs, si l'espace est en expansion, il semblerait à première vue qu'en remontant vers le Big Bang, l'espace doive se contracter en un point de volume nul, lequel marquerait alors le début du temps et la création de l'Univers. Ce schéma pose des problèmes insolubles dans le cadre de la physique classique. Les scientifiques pensent maintenant qu'au moment du Big Bang, le temps, l'espace, la matière et l'énergie étaient inextricablement mêlés, de sorte que la description de l'Univers ne repose plus seulement sur la théorie de la relativité générale, mais aussi sur la mécanique quantique. Les nouveaux modèles de «Big Bang quantique» décrivent une «création spontanée» de l'Univers à partir de l'énergie du vide quantique, à la façon d'une goutte d'écume qui se détache d'un océan agité. Le vide quantique ressemble en effet à une écume bouillonnante d'énergie perpétuellement changeante: au hasard d'une énorme vague, notre Univers se serait spontanément matérialisé.

31

De quoi est faite la matière noire ?

Différentes hypothèses ont été avancées concernant la nature de la matière noire. Il semble qu'elle soit présente sous deux formes principales. D'une part, la matière ordinaire dite « baryonique », constituée des particules bien connues qui forment les atomes : protons, neutrons et électrons. D'autre part, la matière dite « non baryonique », encore hypothétique, mais dont l'énergie produirait des effets gravitationnels analogues à ceux de la masse.

Une petite partie de la matière noire ordinaire provient de la poussière interstellaire et des cadavres refroidis d'étoiles que sont les naines noires, les étoiles à neutrons et les trous noirs. Une autre partie proviendrait des naines brunes, c'est-à-dire des étoiles trop petites pour briller par allumage de réactions nucléaires en leur sein, mais trop grosses pour être appelées « planètes ». Elles seraient réparties dans le halo des galaxies et sont couramment désignées sous le nom de « MACHOS » (Massive Compact Halo Objects). Quelques naines brunes ont été détectées autour de notre galaxie, mais les observations récentes montrent que leur nombre doit être assez limité. Il est donc possible que la matière noire baryonique se présente aussi, sinon surtout, sous forme de grands nuages froids d'hydrogène moléculaire.

La matière noire non atomique serait constituée de particules formées dans les premiers instants du Big Bang, en nombre suffisant pour engendrer d'importants effets gravitationnels. On les désigne parfois sous le nom de « WIMPS » (Weakly Interacting Massive Particles) en raison d'une propriété caractéristique, à savoir d'être insensibles à l'interaction électromagnétique, et donc de n'interagir quasiment pas avec la matière atomique. Ce peut être la raison pour laquelle aucune WIMP n'a encore été détectée ! Afin de prouver définitivement leur existence, certains physiciens espèrent les recréer artificiellement dans les accélérateurs de particules.

Par ailleurs, quelques chercheurs contestent l'idée même de matière noire et préfèrent imaginer une modification des lois de la gravité. Ils n'ont cependant pas réussi à élaborer une théorie alternative convaincante, qui expliquerait de façon unifiée les observations portant sur les vitesses de rotation des galaxies spirales, la stabilité des amas, les lentilles gravitationnelles et la formation des grandes structures.

32

Quelle a été la chronologie de l'Univers ?

L'Univers ne s'est pas créé à partir d'une graine infiniment petite qui aurait explosé. On imagine plutôt un surgissement spontané de l'espace et du temps à partir d'une fluctuation quantique de l'énergie du vide. Selon une théorie appelée « inflation », dans le premier millionième de milliardième de milliardième de milliardième de seconde, l'espace s'est agrandi à une vitesse phénoménale tout en commençant à se refroidir. Les premières particules subatomiques – quarks et antiquarks – se sont matérialisées. Presque aussitôt, la matière et l'antimatière se sont annihilées mutuellement, pour ne laisser subsister qu'un bain de photons et un infime excédent de quarks. L'Univers était âgé d'un 100 milliardième de seconde. Les physiciens peuvent recréer artificiellement cette période grâce aux accélérateurs de particules : les collisions à des vitesses proches de la lumière créent des énergies phénoménales et des gerbes de particules subatomiques massives, comme le boson de Higgs, analogues à celles que le très jeune Univers a produites. Le plasma primordial s'est également enrichi d'électrons, de neutrinos et de particules nouvelles.

Un millionième de seconde après, les quarks se sont collés entre eux pour former les premiers constituants de la matière atomique – protons et neutrons. L'Univers était chaud, dense et opaque, une sorte de brouillard en expansion où bouillonnaient les particules élémentaires. Au bout d'une seconde, les neutrinos se sont découplés et ont commencé leur voyage dans l'Univers, libres de toute interaction avec la matière. Nos détecteurs accéderont peut-être un jour à ce « fond de neutrinos » baignant l'Univers tout entier.

Entre trois et vingt minutes, les premiers éléments chimiques se sont créés : hydrogène, hélium et un peu de lithium. Ils constituent encore aujourd'hui 99 % de la matière atomique de l'Univers. Pendant les 380 000 années qui ont suivi, les électrons libres ont empêché les corpuscules de lumière, les photons, de se propager. Le brouillard cosmique était alors si épais qu'il était complètement opaque. Nous ne verrons jamais cette époque au télescope.

À la fin de cette période, la température était descendue à 3 000 °C et les électrons se sont liés aux noyaux pour former les atomes d'hydrogène et d'hélium : c'est le phénomène de la « recombinaison ». Ce faisant, ils ont libéré la lumière, qui a commencé à voyager dans l'espace et le temps ; l'Univers est devenu transparent. Cette première lueur venue du fond des âges nous parvient aujourd'hui sous la forme d'un rayonnement micro-ondes, refroidi à la température de 270 °C. Les télescopes modernes ont pris la courbe de température très précise de ce rayonnement fossile et ont découvert d'infimes variations d'intensité d'un point à l'autre du ciel. Ce sont les grumeaux présents au moment de la recombinaison.

L'ère dominée par la matière a alors commencé. Les grumeaux ont grossi sous l'effet de la gravité ; en quelques centaines de millions d'années, ils ont formé de vastes nuages d'hydrogène et d'hélium gazeux qui, en se condensant, ont donné naissance aux premières structures astronomiques, étoiles et galaxies.

33

Que nous apprend le rayonnement fossile ?

L'Univers a émis sa première lumière 380 000 ans après sa supposée naissance, lumière observable aujourd'hui sous forme d'un rayonnement de fond baignant l'espace tout entier. Prédit par la théorie du Big Bang, le rayonnement fossile a été détecté pour la première fois en 1965. Émis quand la température de l'Univers, partant d'une valeur pratiquement infinie, avait chuté à 3 000 °C, il s'est décalé vers les micro-ondes à mesure que l'espace s'est dilaté et refroidi d'un facteur 1 000. Aujourd'hui, la température de fond est tombée à 270,42 °C, soit 2,7 kelvins sur l'échelle absolue. En 1992, le satellite COBE a été le premier instrument qui a permis d'observer les détails du rayonnement fossile. Il a mesuré la température du ciel tout entier et ses fluctuations de température à quelques millionièmes de degrés près. Les télescopes WMAP et Planck, lancés ultérieurement, ont permis d'améliorer et d'affiner considérablement ces mesures.

Le jeune Univers a été traversé par des ondes acoustiques engendrées peu après le Big Bang. Ces vibrations ont laissé leur empreinte 380 000 ans plus tard sous forme de minuscules fluctuations de température et de densité dans le plasma primordial. Ce sont les germes de toutes les structures astronomiques qui se sont formées ultérieurement dans l'Univers : étoiles, galaxies et amas de galaxies.

En analysant en détail ces fluctuations, les scientifiques peuvent extraire de multiples informations, comme la densité d'énergie de l'Univers, la répartition entre la matière et l'énergie sombre, l'âge de l'Univers, la courbure de l'espace et sa taille. Il est notamment possible de reconstituer la « musique » des débuts de l'Univers à travers un « spectre harmonique », de la même façon que le son produit par un instrument de musique est constitué d'une somme d'harmoniques fondamentales. Les données obtenues entre 2003 et 2013 révèlent un déficit dans les harmoniques de plus grandes longueurs d'onde, comme si les notes les plus graves du cosmos manquaient à l'appel. Il se pourrait donc que l'Univers ne soit pas assez grand pour être en mesure de les jouer, à l'instar d'une corde de guitare qui ne peut émettre de son plus grave que ne le permettent sa longueur et son diamètre. Cette interprétation favorise certains modèles d'Univers fini sans bord, notamment l'espace dodécaédrique de Poincaré que j'ai proposé en 2003.

Par ailleurs, en mars 2014, des chercheurs ont annoncé avoir découvert dans le rayonnement fossile une empreinte particulière laissée par des ondes gravitationnelles nées au moment même du Big Bang, ce qui constituerait la plus spectaculaire reconstitution du passé de l'Univers que l'on puisse espérer.

34

L'Univers va-t-il se recontracter ou se dilater perpétuellement ?

La quantité totale de matière et d'énergie dans l'Univers ainsi que leur répartition sous différentes formes sont déterminantes pour l'évolution future du cosmos dans son ensemble. Deux scénarios sont possibles à partir des équations de la cosmologie relativiste :

— soit l'Univers possède suffisamment de matière (sous toutes ses formes) pour que la gravité finisse par arrêter l'expansion de l'espace. Celle-ci ralentit fortement, dilate l'espace jusqu'à un volume maximal puis laisse place à un mouvement inverse de contraction et de réchauffement, qui s'achève en un ultime effondrement : le « Big Crunch » ;

— soit l'expansion se poursuit à jamais, diluant et refroidissant sans cesse l'Univers. Les étoiles continuent à se former et à briller pendant des centaines de milliards d'années, mais l'expansion incessante implique que l'Univers devienne toujours plus froid, plus noir et plus vide. C'est le « Big Chill ».

Cette seconde possibilité se subdivise elle-même en deux, selon que l'expansion ralentit, mais pas suffisamment pour s'inverser en contraction, ou au contraire s'accélère. Dans ce cas, la température de l'Univers tend encore plus rapidement vers le zéro absolu, et l'espace lui-même et tout objet qu'il contient sont déchirés par une vitesse d'expansion phénoménale : c'est le « Big Rip ».

Ces solutions théoriques dépendent des valeurs effectives de la densité de matière et de l'énergie sombre qui emplissent l'espace. L'énergie sombre, répulsive au contraire de la gravité attractive, a pour effet d'accélérer la vitesse d'expansion. Cela implique que l'espace peut être en expansion perpétuelle s'il contient suffisamment d'énergie sombre. C'est justement ce qu'indiquent les plus récentes observations astronomiques. Depuis une décennie, l'observation de supernovae situées dans des galaxies lointaines combinée à d'autres données comme les mirages gravitationnels, la dynamique des amas de galaxies et les caractéristiques du rayonnement fossile ont conduit les chercheurs à privilégier le scénario du Big Chill: l'énergie sombre constituerait en effet les deux tiers de l'énergie totale, en conséquence de quoi notre Univers serait en expansion accélérée.

35

Y a-t-il eu un « avant Big Bang » ?

Traditionnellement, on considère le Big Bang comme le début de toute chose et l'on s'interdit de penser à ce qui a pu se passer avant. Si l'on s'en tient en effet à la relativité générale, la question d'un « avant Big Bang » n'a tout simplement pas de sens. Dans cette théorie, le Big Bang implique que le temps lui-même a commencé simultanément avec l'espace, la matière et l'énergie voici 13,8 milliards d'années.

Cette façon de voir s'est modifiée au cours des dernières années. Le scénario du Big Bang « classique » cesse d'être correct lorsque le très jeune Univers était soumis aux lois de la physique quantique. Les nouvelles approches dites « de gravitation quantique » font disparaître la singularité originelle ; rien n'empêche alors de concevoir que l'Univers existait avant le Big Bang, ce dernier n'étant plus qu'une transition violente entre deux états de l'Univers.

Parmi les nombreux scénarios possibles, mentionnons par exemple celui dans lequel l'Univers antérieur au Big Bang était une image miroir de l'Univers postérieur. Reprenons son histoire dans un temps passé très lointain, disons 50 milliards d'années. L'Univers est une vaste étendue glacée presque vide, parcourue par quelques champs d'énergie. Avec le temps, les forces d'interaction gagnent en intensité dans certaines régions et la matière commence à s'agréger, s'accumulant aux dépens des zones voisines. Ces grumeaux se trouvent soudain portés au-delà d'un point de non-retour et s'engagent dans un processus irréversible d'effondrement : des trous noirs se forment. La matière piégée à l'intérieur s'isole, l'Univers s'est scindé en morceaux déconnectés.

Au sein de chaque trou noir, la densité de matière devient toujours plus élevée ; l'espace s'écroule sur lui-même jusqu'à ce que la densité, la température et la courbure atteignent des valeurs maximales, à la suite de quoi ces quantités rebondissent et commencent à décroître. Le Big Bang n'est autre que le moment où se produit ce renversement. À partir de là, l'histoire devient celle de l'expansion décrite par la cosmologie habituelle.

Aussi séduisants soient-ils, ces modèles évoquent davantage des spéculations métaphysiques que des théories physiques car ils ne reposent sur aucun calcul vraiment fiable. Ils ont au moins le mérite d'éliminer le Big Bang *stricto sensu* en tant que singularité et de retrouver l'éternité du temps passé, éliminant ainsi l'insoluble question d'une « cause première ».

36

Qu'entend-on exactement quand on parle du « multivers » ?

Selon les nouvelles théories de gravitation quantique, le vide serait le concept de base de l'Univers, son entité permanente préexistant à l'espace, au temps, à la matière... Le vide quantique est caractérisé par une énergie à son niveau fondamental, le plus petit possible, mais non nul. En outre, en vertu du fameux « principe d'incertitude », cette énergie fluctue spontanément ; plus on considère un intervalle de temps court, plus on a de chances de mesurer une forte fluctuation d'énergie. Sur des durées extrêmement brèves, de l'ordre de 10^{-35} seconde, des énormes pics d'énergie peuvent ainsi se développer et suffire à enclencher la matérialisation de particules jusque-là purement virtuelles. Une fois ce seuil franchi, la matière continuerait à s'engendrer par des réactions en chaîne. Les pics d'énergie du vide quantique représentent donc à chaque fois une probabilité d'apparition spontanée de l'Univers.

Maintenant, on peut très bien imaginer que plusieurs fluctuations isolées entraînent plusieurs créations indépendantes, et arriver ainsi au concept aventureux de « multivers ». Il n'existerait pas un seul Univers, mais une multitude d'Univers, chacun d'entre eux constituant une « goutte » dans l'écume jaillie spontanément du vide. À chaque vague un peu forte de l'océan, quelques gouttes se détachent pour former un nouvel Univers. Ces autres Univers, issus du vide quantique à partir de fluctuations aléatoires, auraient des propriétés initiales différentes et ne ressembleraient donc pas du tout au nôtre.

Pour imaginer à quoi ils pourraient ressembler, on utilise un puissant ordinateur qui calcule des modèles simulés d'Univers. On peut régler par exemple la valeur de la constante de gravitation sur une graduation deux fois plus élevée ou dix fois plus faible, et voir ce qu'il advient des étoiles, des galaxies ou des protons. On s'aperçoit alors que, dès que l'on s'éloigne, ne fût-ce qu'un tout petit peu, des valeurs réelles des constantes fondamentales de la nature, on engendre majoritairement des Univers stériles, qui ne forment jamais d'étoiles, de galaxies ou de planètes, et encore moins d'êtres vivants.

On pourrait en conclure que l'Univers nous entourant est tellement improbable qu'il a dû être spécialement conçu pour nous. Cette hypothèse métaphysique (et non scientifique) est appelée « principe anthropique fort ». Ce serait oublier qu'il ne peut en être autrement, sans quoi nous ne serions pas là pour le dire. Ce n'est pas une coïncidence mais une tautologie de dire que nous nous trouvons dans un Univers qui justement permet la vie. Nous pourrions en effet être dans le seul Univers habité parmi des milliards d'autres. Mais tous les Univers stériles, qui peut-être existent ou ont existé, sont sans témoins pour en tenir la comptabilité !

LA VIE DANS L'UNIVERS

37

Peut-on croire à la vie extraterrestre ?

La plupart des scientifiques pensent aujourd'hui que l'apparition des systèmes vivants sur la Terre a été l'aboutissement d'un long processus d'évolution chimique de la matière inerte. Par ailleurs, en observant notre seule planète, on ne peut qu'être stupéfait de la prodigieuse diversité des formes vivantes. Chaque jour se révèlent de nouvelles espèces. Récemment encore, la découverte de bactéries « extrémophiles » a montré que la vie avait pu émerger et subsister dans des conditions qui, il y a quelques années seulement, étaient jugées complètement hostiles. Tout ceci renforce l'idée que, la vie étant apparue par un chemin de complexification progressive fondé sur la chimie du carbone, elle doit être un processus universel, présent sous de nombreuses formes ailleurs dans l'Univers.

Cette thèse s'appuie sur un scénario cosmique en cinq phases successives :

1/ un premier stade cosmique, avec le début de l'expansion de l'Univers (le Big Bang) il y a 14 milliards d'années, suivi peu après de la formation des étoiles, qui fabriquent le carbone et les éléments lourds, et des planètes. On sait aujourd'hui que les planètes sont un sous-produit naturel de la formation des étoiles. Notre galaxie renferme donc des centaines de milliards de planètes et, parmi elles, des « exoterres » nées autour d'étoiles analogues au Soleil, qui ont connu une évolution comparable à celle de la Terre ;

2/ une étape organique, où apparaissent les premières molécules hydrocarbonées, servant de base à la vie sur Terre et que l'on trouve en abondance ailleurs dans l'Univers. Beaucoup d'objets extraterrestres se révèlent en effet riches en substances organiques: les comètes, certaines météorites, le milieu interstellaire, etc.;

3/ un stade prébiotique, qui voit la formation des «briques du vivant» (les acides aminés) et leur chaînage, aboutissant à l'ADN et aux protéines;

4/ une phase biologique primitive, correspondant à l'apparition des premières bactéries unicellulaires;

5/ le stade évolué, celui de la vie dite «intelligente», pouvant largement dépasser le niveau de complexité atteint sur Terre.

Le passage de la phase 3 aux suivantes, décisif, est encore très spéculatif, et nombre de biologistes achoppent dessus. Mais les astrophysiciens ont un autre point de vue: pourquoi notre système solaire, parmi les centaines de milliards d'autres, serait-il le seul à avoir engendré des êtres vivants?

Plusieurs conditions semblent toutefois indispensables à l'apparition et au développement de la vie telle que nous la connaissons. Il faut notamment que la planète ne soit ni trop chaude ni trop froide, c'est-à-dire qu'elle ne gravite ni trop près ni trop loin de son étoile; qu'il y ait de l'eau liquide à sa surface, capable de propager les interactions chimiques; qu'elle soit enveloppée d'une atmosphère protectrice.

La grande inconnue reste de savoir s'il suffit que ces conditions soient réunies pendant une durée assez longue pour que la vie apparaisse, ou si l'émergence de systèmes vivants exige la convergence de nombreux autres facteurs encore mal compris. Dans le premier cas, les sites abritant la vie doivent être très nombreux; dans le second cas, ils sont très rares.

38

Cherche-t-on la vie dans le système solaire ailleurs que sur Mars ?

En trente ans, le terrain des recherches concernant la vie dans le système solaire a bien changé. Jadis, seuls les canaux martiens faisaient rêver. Aujourd'hui, ce sont les gros satellites glacés de Jupiter et de Saturne qui intriguent. La raison en est que nombre de ces corps abritent sous leur croûte glacée un océan d'eau liquide. Or, certains biologistes pensent que, sur la Terre, la vie serait d'abord apparue dans le fond des océans, près des sources hydrothermales chaudes, à l'écart de toute lumière.

Ganymède est le plus gros satellite de Jupiter, dépassant la taille de Mercure. Il est complètement gelé en surface, mais la mission Galileo a détecté la présence d'un océan liquide sous la couche de glace. Sa profondeur et sa salinité seraient comparables à celles des océans terrestres. Callisto, autre satellite de Jupiter, semble posséder lui aussi un océan d'eau liquide sous une épaisse couche de glace. Globalement, l'eau liquide et solide pourrait représenter 40 % de sa masse totale.

Europe est une grosse boule recouverte de glace craquelée qui tourne autour de Jupiter. Sa banquise est surtout formée d'eau et de gaz congelés comme le méthane. Son cœur, sans cesse remué par les forces de marées dues à Jupiter, reste chaud et ne se solidifie pas. Entre les deux se trouve donc un océan d'eau liquide. Les recherches sur Terre ont montré que certaines bactéries étaient capables de vivre sous la banquise, voire à l'intérieur de la glace. Il n'est donc pas interdit de penser qu'il existe aujourd'hui sur Europe des colonies de bactéries vivantes (et non pas fossiles comme c'est envisagé sur Mars).

Outre les satellites de Jupiter, sondés par la mission Galileo, on a de nouvelles vues sur les satellites de Saturne, approchés par la mission Cassini. Encelade est sans conteste le plus déconcertant. Malgré sa petite taille – 500 kilomètres à peine –, il possède des volcans d'eau, dont plusieurs éruptions accompagnées de panaches ont été détectées. Téthys et Dioné, autres satellites de Saturne, sont suspectés de présenter une activité hydrologique analogue à celle d'Encelade.

Enfin, Titan, le plus gros satellite de Saturne, est considéré comme une « Terre primitive mise au congélateur ». « Terre primitive » parce que la composition de son atmosphère actuelle (azote, méthane, ammoniac) est très proche de celle de l'atmosphère de la jeune Terre avant l'apparition de la vie. « Au congélateur » parce qu'à 2 milliards et demi de kilomètres du Soleil, il fait – 180 °C en permanence. La surface de Titan est constellée de lacs et de rivières de méthane liquide. En fait, le méthane est à Titan ce que l'eau est à la Terre, nourrissant un cycle complet et permanent d'érosions, de formations de réservoirs, d'évaporations et de précipitations. Certains chercheurs soutiennent que le milieu titanesque, contenant aussi de l'acétylène et de l'hydrogène, pourrait fournir les nutriments nécessaires à des bactéries productrices de méthane, même à des températures aussi basses.

39

Comment parvient-on à détecter les planètes extrasolaires ?

Il existe plusieurs méthodes pour détecter des planètes hors du système solaire :

1/ La première, dite des « oscillations », est liée à la perturbation dynamique de l'étoile par la planète. Entre les deux corps célestes, il existe un centre de masse commun autour duquel ils gravitent. Bien que l'étoile exerce une attraction beaucoup plus grande sur la planète, cette dernière, en bouclant son orbite, fait légèrement danser l'étoile. C'est grâce à ce petit balancement que les astronomes peuvent détecter une planète sans la voir. Il y a deux façons de détecter l'oscillation de l'étoile :

— par spectroscopie : on mesure la variation périodique de sa vitesse radiale engendrée par la présence d'une ou plusieurs planètes. La technique est efficace pour des planètes massives en orbite rapprochée autour de leur étoile. Les plus petites, de type terrestre, n'ont pas une masse suffisante pour provoquer un décalage détectable dans le mouvement de leur soleil,

— par astrométrie : on cherche à mesurer le petit changement de position angulaire d'une étoile dans le ciel, dû à l'influence d'une planète. Pour ce faire, on a besoin de télescopes ultra précis comme Gaia (lancé fin 2013) afin de recueillir les données depuis l'espace ;

2/ La deuxième méthode est celle des « transits » : au lieu de détecter une perturbation dans le mouvement de l'étoile, on repère une chute de sa luminosité, c'est-à-dire une « mini-éclipse » due au passage d'une planète devant elle. Cette méthode ne fonctionne que dans le cas particulier où nous observons le système stellaire par la tranche – soit 5 % des cas –, mais elle permet de découvrir des planètes plus petites et plus éloignées de leur étoile. Les télescopes spatiaux Corot et Kepler ont été d'efficaces chasseurs d'exoplanètes par la méthode des transits, capables de déceler des variations de luminosité stellaire d'à peine un cent-millième. La méthode permet également, en étudiant de près le profil de variation lumineuse, de collecter des informations sur l'atmosphère planétaire ;

3/ La méthode des « microlentilles » : le passage d'une planète devant une étoile d'arrière-plan provoque un effet d'amplification gravitationnelle qui permet de la détecter. La masse des planètes décelables va des « superterres » de 5 masses terrestres jusqu'aux planètes géantes dix fois plus grosses que Jupiter, situées à une distance allant de quelques centaines d'années-lumière de la Terre jusqu'au centre galactique, situé à 26 000 années-lumière ;

4/ La méthode « photométrique » : en 2005, on est parvenu pour la première fois à détecter directement de la lumière provenant d'une exoplanète (déjà connue). Dans le futur proche, un tel repérage est l'un des enjeux majeurs de l'instrumentation astronomique. Les plus grands télescopes terrestres ou spatiaux en projet, comme l'ELT (Extremely Large Telescope) de plus de 30 mètres de diamètre, y ont trouvé une raison d'être. Elle permettra en théorie la détection d'une foule de planètes de toutes tailles autour des étoiles proches.

40

Combien pourrait-il y avoir de civilisations avancées dans notre galaxie ?

L'astronome américain Frank Drake a proposé en 1961 une formule pour tenter d'évaluer le nombre de civilisations technologiquement avancées existant dans la galaxie. Elle s'exprime par le produit de sept termes, sur la valeur desquels règne cependant une énorme incertitude, que les développements récents de l'astronomie tentent de réduire.

Le premier terme est le nombre d'étoiles favorables à l'émergence de la vie qui se forment chaque année dans la galaxie.

Le deuxième est le pourcentage d'étoiles dotées d'un système planétaire.

Le troisième est le nombre de planètes d'un système donné sur lesquelles les conditions sont favorables à l'apparition de la vie.

Le quatrième est la fraction de ces planètes qui a vu naître effectivement la vie.

Le cinquième est la fraction des planètes précédentes sur lesquelles se sont développées une espèce intelligente et une civilisation.

Le sixième est la fraction des civilisations qui cherchent à communiquer avec d'autres.

Le dernier terme est la durée moyenne pendant laquelle une civilisation communique.

Bien que les incertitudes sur les trois premiers facteurs se soient considérablement réduites au cours des quinze dernières années, la méconnaissance totale des autres facteurs est telle que les estimations du résultat varient, selon les auteurs, d'une civilisation (la nôtre, auquel cas nous serions seuls dans la galaxie) à quelques dizaines de milliers.

L'équation de Frank Drake est à mettre en balance avec le « paradoxe de Fermi » qui, avec des méthodes différentes, formule une conclusion diamétralement opposée. En 1950, le physicien italien Enrico Fermi s'est en effet demandé pourquoi l'humanité n'avait trouvé aucune trace de civilisation extraterrestre alors que le Soleil est plus jeune que beaucoup d'étoiles situées dans la galaxie. Selon lui, des civilisations plus avancées auraient dû apparaître dans les systèmes planétaires plus âgés et laisser des signes (radio, archéologiques, etc.) observables depuis la Terre. En leur absence, il en concluait que nous étions seuls dans la galaxie.

Parmi les contre-arguments possibles au raisonnement d'Enrico Fermi figurent les suivants : les extraterrestres existent mais, pour une raison ou une autre, la communication et le voyage interstellaires sont impossibles ou ne sont pas jugés souhaitables. Ou bien les extraterrestres nous rendent effectivement visite, mais discrètement. Le lecteur pourrait d'ailleurs se demander si l'auteur de cet ouvrage n'en est pas un…

Achevé d'imprimer en Italie par Grafica Veneta
le 30 mars 2021
Dépôt légal octobre 2018
EAN 9782290137109
OTP L21ELLN000781A003

—

Ce texte est composé en Lemonde journal et en Akkurat

—

Conception des principes de mise en page :
mecano, Laurent Batard

—

Composition : PCA

—

ÉDITIONS J'AI LU
87, quai Panhard-et-Levassor, 75013 Paris
Diffusion France et étranger : Flammarion

Librio

1196